宠物美容与养护

CHONG WU MEI RONG YU YANG HU

图 1 北京犬

图 2 巴哥犬

图 3 西施犬

图 4 松狮犬

图 5 中国沙皮犬

图 6 卷毛比熊犬

图 7 贵宾犬

图 8 博美犬

图9 美国可卡犬

图10 标准雪纳瑞犬

图11 西高地白㹴

图12 约克夏㹴

图 13 中国冠毛犬

图 14 金毛寻回犬

图 15 拉布拉多猎犬

图 16 比格犬

图 17 美国斗牛犬

图 18 大麦町犬

图 19 喜乐蒂牧羊犬

图 20 威尔斯柯基犬

图 21 蝴蝶犬

图 22 凯利兰㹴

图 23 贝林登㹴

图 24 马尔济斯犬

图 25 日本狆

图 26 吉娃娃犬

图 27 腊肠犬

图 28 萨摩耶犬

图 29 西伯利亚雪橇犬

图 30 阿拉斯加雪橇犬

图 31 边境牧羊犬

图 32 古代英国牧羊犬

图 33 日本狐狸犬

高职高专教育“十二五”规划建设教材

宠物美容与养护

曹授俊　钟耀安　主编

中国农业大学出版社
· 北京 ·

图书在版编目(CIP)数据

宠物美容与养护/曹授俊,钟耀安主编.—北京:中国农业大学出版社,2010(2020.11 重印)

ISBN 978-7-5655-0033-6

Ⅰ.①宠　Ⅱ.①曹…②钟…　Ⅲ.①犬-美容②犬-驯养　Ⅳ.①S829.2

中国版本图书馆 CIP 数据核字(2010)第 116778 号

书　　名　宠物美容与养护

作　　者　曹授俊　钟耀安　主编

策划编辑　康昊婷　　**责任编辑**　李丽君

封面设计　郑　川　　**责任校对**　陈　莹　王晓凤

出版发行　中国农业大学出版社

社　　址　北京市海淀区圆明园西路 2 号　　**邮政编码**　100193

电　　话　发行部 010-62731190,2620　　读者服务部 010-62732336

编辑部 010-62732617,2618　　出　版　部 010-62733440

网　　址　http://www.cau.edu.cn/caup　　**e-mail**:cbsszs @ cau.edu.cn

经　　销　新华书店

印　　刷　北京鑫丰华彩印有限公司

版　　次　2010 年 8 月第 1 版　　2020 年 11 月第 5 次印刷

规　　格　787×980　16 开本　11.75 印张　210 千字　彩插 4

定　　价　32.00 元

图书如有质量问题本社发行部负责调换

编写人员

主　编　曹授俊　北京农业职业学院

　　　　钟耀安　青海畜牧兽医职业技术学院

副主编　王艳立　辽宁农业职业技术学院

参　编　刘明荣　北京农业职业学院

　　　　胡　平　北京农业职业学院

　　　　段素云　北京农业职业学院

主　审　李　志　北京农业职业学院

前　言

随着人们生活水平的提高、家庭规模的缩小，我国宠物的需求量正以每年20%的速度递增。据有关资料显示，仅就宠物食品市场来说，1997—2000年，中国宠物食品市场的销量增长了19%，而市场价值则增长了24%。经济学家预测，中国宠物行业即将进入突飞猛进的行业周期。到2010年，我国至少有宠物1.5亿只，宠物产业产值有望突破400亿元。作为产业链中的一个重要环节——宠物美容，在最近几年发生了很大的变化，从事宠物美容的人员迅速增加，成立了许多专门培训宠物美容师的学校，各农业院校也积极成立了相关的宠物专业或开设了宠物美容课程，但我国专门的宠物美容教材很少，与宠物美容行业飞速发展不适应。中国农业大学出版社组织全国各院校的专家编写的《宠物美容与养护》教材，经过广泛、客观、科学的调研，组建了优秀的编写团队，有完善的质量保证体系。

本书结合高职高专教育教学特点，以学生实训项目为主线，突出培养学生技能，体现工学结合的特色，让学生在操作过程中学习，在学习中学会操作。本教材主要包括犬生物学特点与常见品种简介、宠物美容基础知识、犬的常用养护技术、常见犬的美容技术、其他犬的美容技术、宠物美容辅助措施、犬整形术、宠物美容店的经营与管理8章24个实训项目，每个项目中包括实训目标、实训过程和实训考核，并给学生提供相关的知识，通俗易懂，图文并茂。本书适合宠物养护与疫病防治专业、宠物美容专业及畜牧兽医相关专业的学生作为教材使用，同时也是广大宠物爱好者很好的参考书。

本书由曹授俊、钟耀安主编，王艳立负责编写犬生物学特点与常见品种简介、宠物美容基础知识，钟耀安负责编写宠物美容辅助措施、犬整形术，段素云负责编写犬的常用养护技术，胡平负责编写常见犬的美容技术，刘明荣负责编写其他犬的美容技术，曹授俊负责编写宠物美容店的经营与管理。李志担任主审。

由于时间仓促，编写教材可供参考的资料不多，加之作者的经验和水平有限，不足之处在所难免，恳请广大读者和同行批评指正。

编　者

2010 年 4 月

目录

第一章　犬生物学特点与常见品种简介

第一节　犬生物学特点

犬属哺乳纲、食肉目、犬科动物，目前有 50 多个品种，850 多个品系。犬为普通毛皮动物，现在则常作为伴侣动物，起着调节人们生活的作用，经过训练可以身兼数职。根据体重，犬可分为小型（小于 10 kg）、中型（11～25 kg）、大型（26～44 kg）及巨型（45～80 kg）3 种。根据用途可以分为运动型犬、猎犬、导盲犬、警犬、宠物犬等。随着社会发展，犬作为伴侣动物的作用日益突出。

一、犬的解剖结构

局部解剖学将犬体划分为头部、躯干和四肢 3 部分。头部包括颅部和面部；躯干包括颈部、背胸部、腹腰部、荐臀部和尾部；四肢包括前肢和后肢。系统解剖学按功能将犬体分为运动系统（包括骨骼、关节、韧带、肌肉等）、消化系统、呼吸系统、泌尿系统、生殖系统、心血管系统、淋巴系统、神经内分泌系统、感觉系统和被皮系统（皮肤、毛、皮肤腺、枕和爪）。其中运动系统和被毛系统最能体现品种特征，也是美容和护理最需要注意的部分。美容师可以根据品种特征修正骨骼和被毛缺陷，使犬的外形更趋于完美。

1. 犬的骨骼

犬的骨骼可分为中轴骨骼和四肢骨骼两部分，中轴骨骼由躯干骨和头骨组成，四肢骨骼包括前肢骨和后肢骨。头骨的下颌骨发达而伸长，嘴凸鼻长，以适应嗅食寻物的习性。头骨形态变异很大，有的头形狭而长，有的头形宽而短。犬的头骨连着颈椎，犬有 7 节颈椎，13 节胸椎，7 节腰椎，3 节融合在一起的荐椎成为一块骶骨，尾椎 8～23 节，一般为 20～23 节；犬的前 8 对肋骨为真肋（肋软骨与胸骨相接），后 5 对肋骨为假肋（肋软骨由结缔组织连接在前一肋软骨上）。犬的前肢骨包括肩胛骨、肱骨、前臂骨（桡骨、尺骨）、腕骨、掌骨、指骨和籽骨；后肢骨包括髋骨、股骨、髌骨、胫骨、腓骨、跗骨、柘骨、趾骨和籽骨。犬无锁骨，肩胛骨由骨骼肌连接躯体，后肢由骨关节连接骨盆。阴茎骨是犬科特有的骨头。犬的全身骨骼见图 1-1。

在犬的美容过程中，根据需要把犬全身划分为不同的部位，以便于美容师操作，见图 1-2。

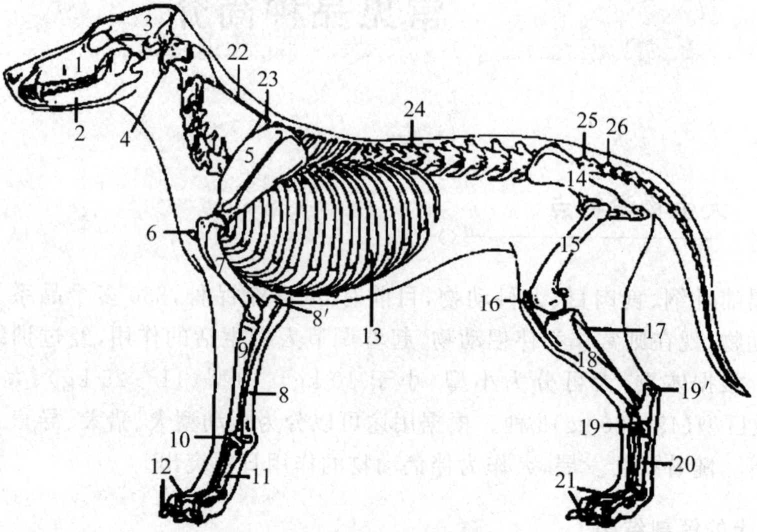

图 1-1　犬的全身骨骼图

1.上颌骨　2.下颌骨　3.头盖骨　4.第一颈椎　5.肩胛骨　6.胸骨柄　7.肱骨　8.尺骨　8′.鹰嘴　9.桡骨　10.腕骨　11.掌骨　12.指骨　13.肋骨　14.髋骨　15.股骨　16.髌骨　17.腓骨　18.胫骨　19.跗骨　19′.跟结节　20.跖骨　21.趾骨　22.项韧带　23.第一胸椎　24.第一腰椎　25.荐骨　26.第一尾椎

2. 犬的牙齿

犬的牙齿按形态、位置和机能可分为切齿、犬齿、前臼齿和后臼齿，上下颌左右对称排列，更换前的齿称为乳齿，更换后的齿称为恒齿。根据犬的齿式和磨损程度可以判断犬的健康状况和年龄。

犬的乳齿式：$2\left(\frac{3}{3}\frac{1}{1}\frac{3}{3}\right)=28$

犬的恒齿式：$2\left(\frac{3}{3}\frac{1}{1}\frac{4}{4}\frac{2}{2}\right)=42$

犬的乳齿由 3 对切齿、1 对犬齿和 3 对前臼齿组成，一般较小，颜色较白，磨损较快。一般 19～28 日龄开始长出第一颗切齿，至 2 月龄乳齿长齐。3～4 月龄开始更换第一颗切齿，长出第一颗恒齿，9 月龄左右恒齿长齐。成年犬可根据牙齿的磨损程度判断年龄。

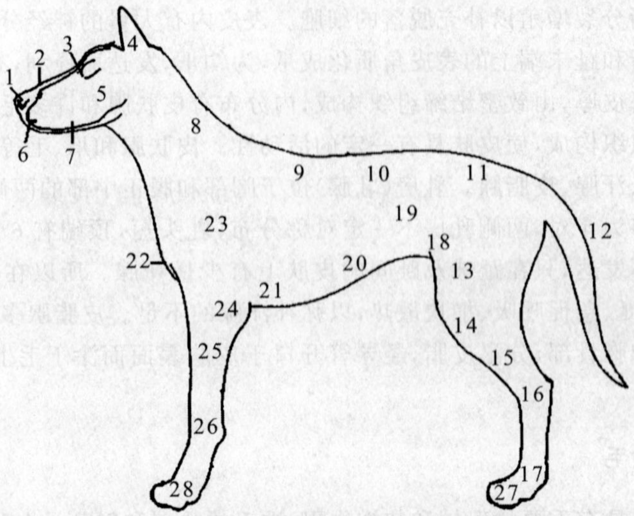

图 1-2 犬的全身部位图

1.鼻子 2.鼻梁 3.眼部 4.耳部 5.颊 6.嘴 7.下颌 8.颈部 9.背部 10.腰部 11.荐部 12.尾部 13.大腿 14.膝关节 15.小腿 16.跗关节 17.跗基节 18.腹股沟 19.上腹部 20.下腹部 21.胸部 22.前胸 23.肩部 24.肘部 25.前肢 26.腕部 27.趾 28.掌

犬的年龄与牙齿磨损程度对照

年龄	牙齿磨损程度
1 岁	恒齿长齐,洁白光亮,切齿上有尖突,两个尖突一高一低
1 岁半	下颌第一切齿尖突磨灭,高尖突和低尖突相平
2 岁半	下颌第二切齿尖突磨灭
3 岁半	上颌第一切齿尖突磨灭
4 岁半	上颌第二切齿尖突磨灭
5 岁	下颌第三切齿尖突磨灭,第一、二切齿磨损成矩形,犬齿开始磨损
6 岁	下颌第三切齿尖突磨灭,犬齿磨成钝圆形
7 岁	下颌第一切齿磨损至牙根
8 岁	下颌第一切齿有磨面,并向前方倾斜
10 岁	下颌第二、上颌第一切齿的磨面呈椭圆形
16 岁	切齿脱落,牙齿不全

3. 犬的皮肤

皮肤具有保护、感觉、调节体温、排泄废物和贮存营养等功能。犬的皮肤干燥,汗腺不发达。皮肤被覆于体表,其厚度随不同品种变化很大,由外向内依次分为表皮、真皮和皮下组织 3 层。表皮由复层扁平上皮构成,表层细胞不断角质化、脱落,深层细胞不断分裂增殖以补充脱落的细胞。表皮内有大量的神经分布和密集的感觉末梢。在指和趾末端上的表皮角质化成爪,为钩爪,发达而锋利,有攻击、攫食和掘土作用。真皮厚,由致密结缔组织构成,内分布有皮肤腺和许多毛囊。皮下组织由疏松结缔组织构成,使皮肤具有一定的活动性。皮肤腺和爪、毛等均属皮肤衍生物,包括乳腺、汗腺、皮脂腺。乳房(乳腺)位于胸部和腹正中部的两侧,有 4～6 对,小型品种犬多为 4 对,两侧乳房不一定对称分布,乳头短,顶端有 6～12 个小排泄管口。汗腺不发达,只在趾球及趾间的皮肤上有少量汗腺。所以在炎热季节犬常张口吐舌、流涎、急促呼吸、加快散热,以弥补汗腺的不足。皮脂腺多位于唇、肛门、躯干的背面和胸骨部,分泌皮脂,经导管开口于皮肤表面而涂于毛上,使毛具有光泽和弹性。

4. 犬的被毛

犬的被毛具有重要的保护和装饰作用,被毛的状态和颜色是犬种的重要特征。毛由露出皮肤表面的毛干和埋于皮肤内部的毛根两部分组成。毛根基部膨大形成毛球,周围由毛囊包围。毛球底缘凹陷,内有真皮伸入,富含血管和神经,称为毛乳头。生长在唇部、眼上部、颌内侧和脚趾等处的毛称为触毛,长而粗,在毛的根部富有神经末梢,有很高的敏感性,所以犬的触觉相当好。成犬的毛囊分为中央的主毛囊和周围的次级毛囊,其中主毛囊中的毛粗、硬、长,覆于被毛外层,又称外层毛或覆毛,次级毛囊中的毛短而软,呈绒状,又称下毛或绒毛。短毛犬通常没有下毛,或者是稀疏而柔软呈线条状沿颈上部和背部分布。毛球细胞停止生长,毛根就脱离毛囊,待长出新毛即将旧毛推出而脱落,这个过程称为换毛。犬一般每年有两个换毛期,晚春季节冬毛脱落,逐渐地更换为夏毛,晚秋初冬更换夏毛。

犬的被毛按其长度可分为长毛、中毛、短毛;按其质地可分为直毛、卷毛、波状毛、绢状毛、粗毛、刚毛、丝状毛、羊毛状毛、针状毛、细毛、绒毛;按其颜色大致可分为单色、混合色和花纹三大类,AKC(全美育犬协会)、BKC(全英育犬协会)等组织将国内外名犬的毛色种类归纳为 48 种标准。

犬的年龄、营养状况、被毛养护方法都会影响被毛的特征(质地和颜色)。

二、犬的行为学特征

犬具有不同于其他动物的行为学特性和生活习性,人类可以利用这些特性,有目的地进行一些训练、调教,使犬形成一些新的生活习性和行为方式,更好地为人类服务。

1. 感情纯厚，忠于主人

犬是人类最忠实的朋友，很容易与主人建立起深厚纯真的感情，对主人忠心耿耿，有强烈的保护意识，并能与主人同甘共苦。当主人遭遇不幸后，许多犬都会表示悲伤，不吃东西或对任何事情都不感兴趣、无精打采；当主人受到他人攻击或伤害时，它会拼死相助；它们绝不因主人一时对自己的训斥或武断而背弃逃走；也绝不会因主人家境贫寒而易主。犬对主人还有绝对服从的精神，像猎犬和工作犬，一旦主人下达命令，它们就会奋勇当先，奋不顾身，竭尽全力去完成任务。

犬与人交往的程度取决于3～7周龄时与人接触“印记”的程度，如果出生后的前两个月就能得到人的爱抚，与人接触，就非常容易接受训练。

2. 感官灵敏，记忆力强

犬的嗅觉非常敏感，能辨别出空气中多种微弱的气味，甚至能嗅到精密仪器也测不出的气味，而且对曾经嗅到过的气味记忆非常深刻。犬要通过嗅觉进行社会交往，所以有嗅闻其他犬的头颈、外生殖器和排泄物的习性。有些犬如猎犬，能跟踪人类脚步留下的气味，甚至在留下脚印4天半后仍能嗅得出来。这也是犬能执行警戒、搜寻任务的原因之一。

犬对声、光极为敏感。犬不仅能分辨出声音的强弱，而且能分辨出熟悉程度，甚至能听见人类听不见的声音。例如，人在6 m处刚好能听到的声音，犬在25 m处就能听到。犬常常被突然的声响、闪光以及微小的陌生声音所刺激而表现出惊恐和不知所措。因为犬对声音敏锐，所以在奖励它时需要用轻柔舒适的声音，而在训斥或命令它时需要用低沉沙哑或较大的声音。犬的双眼立体视觉范围比人类窄，但侧边视觉范围比人类宽得多，所以对周边环境的警觉性比人类高得多。它们甚至能用比人类细微10倍的视力侦测到物体的些微移动。

犬依靠其灵敏的嗅觉、听觉和视觉，对于和它接触过的人、物和环境记忆非常深刻，甚至对短暂接触过的伤害它或它主人的人似乎永远不会忘记。即使环境发生了很大改变，它也能寻找到自己的旧居。另外，犬对采食、活动和排便等时间的记忆也很清晰。

3. 智力发达，接受能力强

犬的神经系统比较发达，具有发达的智力和较强的接受及理解能力，能较快地建立起条件反射。经过适宜的饲养、调教与训练，能够准确地理解人类的语言、信号、手势，甚至表情，并可根据主人的意图创造性地做出许多惊人的事迹。猎犬、警犬可根据主人的意图追捕、搜索猎物及罪证，玩赏犬能学会各种各样的表演技巧。

4.适应性强，归向性好

犬对外界环境的适应能力很强。能承受较热和寒冷的气候，对风、沙、雨、雪都有很强的承受能力。尤其对寒冷的耐受能力强。但是对于长期家庭饲养的宠物犬来说，这种适应性会减弱，气候的突然变化也会引起疾病。

犬的归向性很好，可独自从数百里以外的地方返回家。这也是靠其灵敏的感官和较强的记忆力来完成的。

5.具有嫉妒心、虚荣心、好胜心

当主人把注意力放到新犬身上而忽略了对旧友的照顾时，它就会愤怒，不遵守已养成的生活习惯，变得暴躁和具有攻击性。有的犬，当主人抚摸或欣赏别的犬时，会因嫉妒而毛发竖立，甚至龇牙咧嘴。犬也喜欢得到人类尤其是主人的称赞和表扬。当它成功地完成了一个任务或表演了一些小技巧时，主人拍手赞美、抚摸它，它就会摇头摆尾，得意洋洋，心满意足。当它做错了事或被毛被剪得太短时，就会不好意思地躲起来。因此，适当地给予赞美、抚摸等精神鼓励，在犬的训练和调教过程中是十分重要的。在主人带其参加表演或竞争性活动时，它会竭尽全力去获胜。并为获胜而高兴，为失败而悲伤。另外，犬虽然有勇猛顽强、恪尽职守的品质，但也有怯懦、欺软怕硬的一面，其勇猛、顽强的性格在其主人面前也要比独自执行任务时表现得突出。

6.具有领地感和等级心理

犬用自己的气味标出地界，并不断更新。通常沿着平时行走的路线固定一定的点来标志自己的领地。一只犬的气味可以使另一只犬知道它的领地、性别、年龄、健康状况。母犬只有在发情期才标志领地，公犬的领地感比母犬强得多。一只体小公犬在经过体大公犬留下的领地痕迹时，会尽量抬高他的后肢撒尿以盖住体大犬留下的痕迹。而体大公犬经过体小公犬留下的痕迹时，会尽量低于正常的姿势撒尿，以覆盖住体小犬留下的痕迹。犬的领土意识特别强，敢于对“来犯者”作坚决的斗争，以确立自己的优势。有的犬(不论公犬和母犬)还通过爬跨其他犬来确立自己的地位。

第二节 常见犬品种简介(参考 AKC 标准)

一、北京犬(Pekingese,彩图 1)

北京犬是一个平衡良好,结构紧凑的犬种,又名北京狮子犬、宫廷狮子犬、京巴。

1. 起源

北京犬起源于中国,根据考古学家自古墓中的发现,在 2 000 多年前就已经有了北京犬,护门神"麒麟"就是该犬的化身。北京犬在历代王朝中均备受宠爱,视为珍宝,只在宫廷内繁殖。数百年来,宦官负起保留北京犬血统纯正的责任,制定了严格的育种标准。直到 1860 年八国联军攻占北京,北京犬作为战利品被带到英国献给了维多利亚女王,才被西方人士熟知。从此流落民间,允许平民饲养。

2. 外貌特征

体型　身材矮胖,肌肉发达。体重 3～6 kg,体高在 20～25 cm,体高和体长的比例以大约 3∶5 为佳。

头部　头顶高,骨骼粗大、宽阔且平,面颊骨骼宽阔,使头呈矩形。下巴、鼻镜和额部处于同一平面。鼻子黑色、宽且短,上端正好处于两眼间连线的中间位置。眼睛大、黑、圆、有光泽而且分得很开。口吻非常短且宽,有皱纹,皮肤是黑色的。下颚略向前突。嘴唇平,而且当嘴巴闭合时,不露牙齿和舌头。心形耳,位于头部两侧。任何颜色的狗的鼻镜、嘴唇、眼圈都是黑色的。

颈部、背线、身躯　颈部非常短,粗。身体呈梨形且紧凑。前躯重,肋骨扩张良好。胸宽,胸骨突出很小或没有突出。腰部细而轻,背线平。前肢短且骨骼粗壮,肘部到脚腕之间的骨骼略弯。肩平贴于躯干,肘部总是贴近身体。前足爪大、平而且略向外翻。后躯骨骼比前躯轻。从后面观察,后腿适当的靠近、平行。趾扁平,趾尖向前。

尾部　尾根位置高,尾向背部翻卷,长、丰厚而直的饰毛垂在一边,呈放射状,有"菊花尾"之称。

被毛　身躯被毛长、直、竖立着,而且有丰厚柔软的底毛,脖子和肩部周围有显著的鬃毛,比其他被毛稍短。在前腿和大腿后边,耳朵、尾巴、脚趾上有长长的饰毛。允许各种被毛颜色。

步态 从容高贵，肩部后略显扭动。由于前躯重后躯轻，会以细腰为支点扭动。扭动的步态流畅、轻松而且可能像弹跳、欢蹦乱跳一样自由。

3. 缺陷

体重超过 6 kg；头顶呈拱形；鼻镜、嘴唇、眼圈不是黑色；上颚突出式咬合，牙齿或舌头外露，嘴巴歪斜。耳位过高，过低或靠后。脊柱弯曲。前腿骨骼直。

4. 特性

北京犬小巧玲珑、秀气，综合了帝王的威严、自尊、自信、顽固而易怒的天性，个性活泼，表现欲强。对陌生人具有很高的警惕性，但对主人则显得可爱、友善而充满感情，是优秀的玩赏犬。

二、巴哥犬(Pug，彩图 2)

巴哥犬是体贴、可爱的小型犬钟，又称哈巴狗、巴儿狗、斧头犬。

1. 起源

巴哥犬原产于中国，据考证它和北京犬很可能来源于相同祖先。早在汉朝时，巴哥犬通过中国的“丝绸之路”流入国外。

2. 外貌特征

体型 结构紧凑，呈正方形。体重 6～8 kg，体高 26～28 cm。

头部 头大而圆，但不呈苹果形。额段明显，眼睛大而圆，微凸出，呈暗色，两眼间距宽。鼻尖为黑色，口吻短，呈方形，唇轮廓分明。脸部为黑色，有很多大且深的皱纹。耳小而薄，有玫瑰形耳(双耳伸向后方)和牡丹形耳(耳郭折向前方，贴近头部，尖端指向眼睛)。牙齿为下颚突出式咬合方式。

颈部、背线、身躯 身体矮胖而粗，颈部短，粗壮有皱纹。背短，腰部肌肉发达，胸宽且深。四肢短而壮，前肢垂直，后肢结实有力。

尾部 尾巴呈螺旋状卷向臀部。

被毛 被毛美观，平滑、柔软、短而有光泽，既不坚硬，也不能像羊毛。颜色是银色、杏黄色或黑色。银色或杏黄色应该清晰，与其他颜色斑纹及脸面颜色对比强烈。斑纹轮廓清楚，口吻或脸部颜色、耳朵、耳朵边、拇趾斑、前肢的菱形斑及背部斑纹可能是黑色的。

步态 从前面看，前躯导向良好，脚腕有力，脚爪撑在地上呈方形，中间的脚趾向前。后躯动作有力、轻松。后膝关节及飞节不向里或向外翻。后腿与前腿处于同一直线。前后肢自然地略显收敛,走起路来像拳击手。后躯轻微的扭动说明它轻松、自信、愉快。

3. 缺陷

身体细长、歪斜,长腿或腿太短,纤细无力,剑状或钩状尾。

4. 特性

不需要运动或经常整理背毛,但需要同伴。它是以咕噜的呼吸声及像马一样抽鼻子的声音作为沟通的方式。爱干净,是一种性情稳定的伴侣犬,具有安定、开朗、富有魅力、高贵、友善和可爱的性情。

三、西施犬(Shih Tzu,彩图3)

西施犬又称中国狮子犬、狮毛犬,是古老而又珍贵的玩赏犬种之一。尽管西施犬大小相当不一致,但必须紧凑、结实,有适当的体重和骨骼。

1. 起源

西施犬起源于中国,1930年该犬经英国传向欧洲各国,1969年3月,美国养犬俱乐部的种犬手册将西施犬列入书中。1969年9月1日,西施犬开始正式参加玩赏犬组的比赛。

2. 外貌特征

体型　体高不超过26.7 cm,体重4.5～8.1 kg。理想体重为4.5～7.3 kg。

头部　头盖圆而宽,眼睛大而圆,但不凸出,两眼间距宽。吻短鼻黑,耳大下垂,耳根低。牙齿为钳状咬合。

颈部、背线、身躯　颈长适中,肩部结实,胸宽背平。前肢直立,骨骼粗壮,后肢短而强健,肌肉丰满。

尾部　尾粗壮,紧靠背部,向背部卷曲,呈多毛放射状卷尾。

被毛　有两层被毛,毛长而浓密,平滑,可以呈轻微波浪形。头部被毛倾斜而下,有颌须和颊须。耳部布满长饰毛,与颈部饰毛混为一体。四肢被毛丰厚,脚有丰富的饰毛。所有的被毛颜色均可,多为咖啡色、褐色、棕色、米黄色、灰色、白色等。在杂色犬中,额头上有白斑和白色尾尖很受欢迎。

步态　傲慢,步态坚定、流畅、敏捷,前躯伸展,后躯有力,但步样稍有摇摆感。

3. 缺陷

头部狭窄，上颌前突，口吻部过尖鼻及眼缘浅红色，四肢太长，走路步态不良，被毛太薄等。

4. 特性

西施犬结实、活泼、警惕，聪明勇敢，忠实友善，可作为看护犬，也是完美的公寓宠物犬。

四、松狮犬(Chow Chow，彩图 4)

松狮犬又名熊狮犬、中国食犬、三斑犬等，曾作为狩猎犬、拖曳犬、护卫犬，现在主要作为伴侣犬。

1. 起源

松狮犬起源于中国，与西藏獒犬、拉萨犬都属于喇嘛们尊崇的神圣动物，是一个古老的东方犬种。18 世纪传入英、美等国，据说英国维多利亚女王也视其为宠物，饲养在宫中。1894 年，养犬俱乐部正式承认该品种并制定了品种标准。

2. 外貌特征

体型　体高 45～51 cm，体重 18～27 kg，身体呈方形。

头部　头部宽而平，吻部短，鼻短色黑，嘴阔而深，蓝黑色舌头是其独有特征。头大耳朵小，耳朵呈三角形，为微向前倾的直立耳，两耳根间距较宽。眼睛小，呈杏仁状，色黑光亮，皱眉，显得愁眉苦脸。

颈部、背线、躯干　颈部粗短，肌肉丰满；背短直而结实，身体短而紧凑，胸宽而深，四肢笔直，强壮有力。脚圆，足垫厚，富有弹性。

尾部　尾根高，卷于背上，有丰富的饰毛。

被毛　有粗毛和短毛两种类型的被毛。粗毛松狮被毛丰富，浓密，平直，不突出，毛层紧贴身体。表面毛杂乱，底毛柔软，浓密，类似于羊毛。被毛在头和脖子周围形成一圈浓密的鬃毛，衬托着松狮的头。公犬的被毛和流苏一般，比母犬长。尾部的毛为羽状。除了外层被毛的数量和分布以外，短毛松狮的判定标准与粗毛松狮基本相同。短毛松狮有一身硬质、浓密，光滑的外层被毛，以及界限分明的内层被毛。腿上和尾巴上不能有明显的流苏状或羽毛状的毛。

毛色为单色，有黑色、红色、米色、黄褐色、蓝色、银灰色、白色等，不能有杂色斑纹。

步态 呆板而拘谨。

3.缺陷

单只或两只垂耳。鼻子出现斑点或明显不是黑色(蓝色松狮的鼻子可能是深蓝色或暗蓝灰色)。舌头的上表面或边缘为红色或粉红色,或有一个或多个红色或粉红色的点。

4.特性

松狮犬性格内向,庄严、冷静、高傲,颇具贵族气派。它天性聪明,机警敏捷,英勇强悍,对主人忠诚,易驯服,是良好的家庭犬和护卫犬。

五、中国沙皮犬(Shar-Pei,彩图 5)

中国沙皮犬又名大沥犬、斗犬,因皮肤宽松多皱褶,被毛短而硬,故称沙皮犬。

1.起源

原产于中国广东南海市大沥乡,故又称为大沥犬。早在 2 000 年前的汉朝,中国就有沙皮犬的遗迹。据考证,它的祖先可能含有松狮犬和巴哥犬的血统。1971 年输入美国并成立了沙皮犬俱乐部,使该犬种遍布美国各地。

2.外貌特征

体型 体高 35～45 cm,体重 15～25 kg。中等体型,正方形轮廓。

头部 头大,头盖宽阔平坦,但相对于身躯不显得太大。“河马式”口吻,方形,又长又宽,俗称“瓦筒嘴”。上唇下垂覆盖下唇,鼻根宽大,呈黑色或褐色。耳朵呈“V”形半下垂耳,眼睛呈三角形深藏与眼窝内,眼色暗褐色,眼皮下垂。头部布满皱褶。

颈部、背线、躯干 颈部短而粗壮,肌肉发达,强劲有力。背部平直,后段稍微隆起,躯干较短,宽广粗壮,胸深而宽,身体呈筒状。四肢骨骼粗壮结实,肌肉十分发达。前肢间距较宽,肘部稍外展;后肢关节较小,趾关节粗大拱起,间距稍宽,脚呈椭圆状,虎型趾,足垫厚实富有弹性。

尾部 尾根高而粗大,尾上扬高翘,多皱褶,稍短;尾端尖细而卷曲。

被毛 极度粗硬的被毛是这个品种独有的特征之一。被毛绝对直,且竖立在身体的主要部位,但一般在四肢的毛发平躺着,略显平坦。毛发显得健康,但没有光泽。头、颈、肩部皮肤厚而松弛，多皱褶，有韧性，用手可提起 10～20 cm。毛色为纯色或貂皮色，主要有浅黄色、黄褐色、奶油色、红色、黑色等。

步态　步伐稳重、强健、敏捷有力。

3. 缺陷

背离剪状咬和。斑点舌头。柔软的被毛、波浪状的被毛、过长的被毛。立耳。纯粉红色的舌头。缺乏完整的尾巴。白化变种；非纯色，例如：虎斑色、杂色、斑点色及任何颜色组合。

4. 特性

王者之气，警惕，聪明，威严，贵族气质，愁眉不展，镇定而骄傲，天性中立而且对陌生人有点冷淡；但将全部的爱都投入家庭中。沙皮犬站在那里，显得平静而自信。

六、卷毛比熊犬(Bichon Frise，彩图 6)

卷毛比雄犬名字起源于法文，“Bichon”是可爱或小宝贝的意思，“Frise”是卷毛的意思。该犬又称为法国拜康犬、小短鼻卷毛犬。

1. 起源

原产于非洲西北加利亚群岛，原名为巴比熊犬，后缩为比熊犬。16 世纪中叶由原来的中型犬改良为现在的小型犬，深受上层社会贵妇的喜爱。

2. 外貌特征

体型　体高 20～30 cm，体重 3～5 kg。体长比体高多出大约 1/4。胸深大约为体高的 1/2。体质紧凑，骨量中等，既不粗糙，也不纤细。

头部　头与身体比例匀称，头盖较平坦但顶毛部分较圆。头盖比口吻长，口吻粗细适中。鼻突黑色，牙齿呈剪状咬合。眼睛稍圆而不突出，黑色或深褐色，正对前方。眼睛周围，有黑色或非常深的褐色皮肤环绕(眼圈)。眼圈本身必须是黑色。耳朵下垂，隐藏在长而流动的毛发中，耳郭的长度能延伸到口吻的中间。耳朵的位置略高于眼睛所在的水平线，并且位置比较靠前。

颈部、背线、躯干　颈长约为体长的 1/3，昂起，平滑地融入肩胛。背线水平，腰部直、肌肉发达。胸部相当发达，宽度能允许前肢自由而无拘束的运动。胸部最低点至少能延伸到肘部。前胸非常明显，且比肩关节略向前突出一点。下腹曲线适度上提。前肢直前臂和腕部既不能呈弓形，也不弯曲。后肢适度弯曲，跗关节部分低下。从飞节到足爪这部分后腿完全垂直于地面。足爪紧而圆，猫型趾，脚垫为黑色。

尾部　尾巴的位置与背线齐平，温和地卷在背后，所以尾巴上的毛发靠在背后。

被毛　底毛柔软而浓厚，外层披毛粗硬且卷曲。柔软而坚固的感觉，富有弹性。经过沐浴和刷拭后，被毛站立在身躯上，整体上产生一种粉扑的效果。颜色为白色，在耳朵周围或身躯上有浅黄色、奶酪色或杏色阴影。

步态　小跑的动作舒展、准确而轻松。从侧面观察，前腿和后腿的伸展动作相互协调，前躯伸展轻松，后肢驱动有力，背线保持稳固。运动中头部和颈部略微竖立，随着速度的增加，四肢有向身躯中心线聚拢的趋向。离去时，后腿间保持中等距离，可以看见脚垫。

3. 缺陷

过大或过分突出的眼睛、杏仁状的眼睛及歪斜的眼睛都属于缺陷。尾巴位置低、尾巴举到与后背垂直的位置或尾巴向后下垂都属于严重缺陷。螺旋状的尾巴属于非常严重的缺陷。成熟个体身上白色以外的颜色超过被毛总数的10%，就属于缺陷，但幼犬身体上出现浅黄色、奶酪色或杏色等允许的颜色则不属于缺陷。

4. 特性

温和而守规矩，敏感、顽皮、愉快的态度是这个品种的特点，而且很容易满足，是一种娇小、强健的白色粉扑型的狗，具有欢快的气质，它的气质从欢快地卷在背后的尾巴和好奇的眼神中就能体现出来。

七、贵宾犬(Poodle，彩图7)

贵宾犬又称贵妇犬、蒲尔犬、蒲多犬。法语名为“Caniche”，意为“水鸭子”；德语名为“Pudel”意为“狗刨式游泳”；英语名为“Poodle”意为“溅水”。这些名称都来源于最早的用途——很早以前人们常用贵宾犬在沼泽地带猎获小动物。该犬常被修剪成各种造型，在法国备受宠爱，尊为“国犬”。

1. 起源

贵宾犬的起源尚有争议，有人认为白毛品种起源于法国，棕毛品种起源于德国，黑毛品种起源于前苏联，茶褐色品种起源于意大利。目前较为一致的看法是贵宾犬起源于法国的水猎犬。

2. 外貌特征

体型　标准型贵妇犬体高超过 38.1 cm，体重 12 kg；迷你型贵妇犬的体高在 25.4～38.1 cm，体重 7～12 kg；玩赏型贵妇犬的体高为 25.4 cm 以下，体重 3.2～7 kg。从胸骨到臀部后端的长度约等于从肩部最高点到地面的高度。身体呈方形，前后肢的骨骼和肌肉与身体比例协调。

头部　眼睛颜色很深，卵圆形，两眼距离宽，眼神机警。耳朵下垂，贴近头部，耳根位置在眼睛的稍下方；但耳郭不能过长。颅骨顶部稍圆，眉头浅，但很清晰。面颊平坦。从枕部到眉头的距离约等于吻部的长度。吻部长、直、纤细，眼睛下方有轻微凹痕；强健。牙齿雪白，结实，剪状咬合。

颈部、背线、躯干　颈部长且强壮，使头部高高抬起。喉部皮肤紧。肩部强壮，肌肉丰满。背线起始于肩胛最高点终止于尾根部，水平，既不倾斜也不拱起，肩部后可轻微凹陷。胸部深而扩张，肋部伸展；腰短而宽，肌肉丰富；前躯强壮，肩部肌肉丰满。肩胛骨向后伸展，长度约等于腕的长度。从前面看，两前肢直，相互平行。从侧面看，肘部正好位于肩部最高点的下方。前脚跟强健。狼爪可以切除。脚小，卵圆形，脚尖拱起，脚垫厚而坚韧。爪短，但也不能修剪得过短。脚既不内翻也不外展。后躯的角度与前躯协调。从后面看，两后肢直，相互平行。膝关节屈曲，肌肉丰厚。大腿和小腿的长度几乎相等。后脚跟短，与地面垂直。站立时，后脚尖在臀部后端的稍后方。

尾部　尾直，尾根位置高，向上翘起，剑状尾，通常断尾 1/2 或 1/3。

被毛　卷曲型：被毛粗硬，浓密。绳索型：下垂，身体各部位被毛长度不等，颈部、躯干、头部和耳部的被毛长。被毛颜色为纯色。蓝色、灰色、银色，棕色、咖啡色、杏色和奶油色，被毛的颜色可以深浅不等。

步态　步伐轻快，有弹性，沿一条直线前进。前躯有力。头和尾高高竖起。行走时保持轻松优美的体态。

3. 缺陷

眼睛呈圆形，突出，大或颜色浅。下颌不明显。下颚或上颚突出，嘴歪斜。尾根位置低，尾卷曲或翘起于背部上方。八字形的脚。鼻、嘴唇和眼眶的颜色不完整，或与身体的颜色不协调。

4. 特性

贵妇犬聪明活泼，高贵典雅，举止稳健骄傲，有独特的高贵气质。被毛通常修剪成传统的形状，显得犬与众不同。

八、博美犬(Pomeranian，彩图 8)

博美犬又称波美拉尼亚犬、松鼠犬，是世界著名的玩赏犬和伴侣犬之一。

1. 起源

博美犬的名字来源于德国东北部波美拉尼亚，所以一般认为它的原产地为德国。它和史必兹犬的血缘相似，都是由挪威猎麋犬和北极狐狸犬杂交而成。1870年，博美犬在英国养犬俱乐部以狐狸犬被认可。1900 年，在美国纽约成立博美犬俱乐部。

2. 外貌特征

体型　体高 20～30 cm，雄犬体重 1.8～5 kg，雌犬体重 1.3～3 kg。体长略小于肩高，从胸到地面的距离等于肩高的一半。骨量中等，腿的长度与身体结构保持平衡。

头部　头部与身体相称，头骨密合，头盖骨略圆，但不能呈拱形。口吻短，直，精致，能自由地张嘴却不显得粗鲁。耳朵小而直立，位置很高。眼睛颜色深、明亮、中等大小而且呈杏仁状。鼻镜、眼圈呈黑色，除了棕色、河狸色和蓝色博美是与其自身毛色相配的颜色。剪状咬合。

颈部、背线、躯干　颈部短，肩靠后，颈与肩结合的位置正好能使头高高昂起。背短，背线水平。身躯紧凑，肋骨扩张良好，胸深与肘部齐平。肩胛的长度与上臂相等。前肢直而且相互平行。从肘部到肩部最高点的长度与从肘部到地面的长度大致相等。腕部直而且结实。大腿肌肉适度发达，后膝关节适度倾斜，形成清晰的轮廓。飞节与地面垂直，腿骨直，两后肢相互平行。足爪呈拱形，紧凑，既不向内也不向外翻。趾甲前伸。可以切除狼爪。

尾部　尾根高，尾长并平放在背上，羽毛状尾巴，饰毛丰富。

被毛　双层被毛，绒毛柔软而浓密，覆毛长、直、光亮而且质地粗硬。厚厚的绒毛支撑起覆毛，使其能竖立在博美的身体上。脖子、肩膀前面和前胸的被毛浓密，在肩和胸前形成装饰。头部和腿部的被毛比身体其他部分的被毛短，紧贴身体。前肢的饰毛延伸到脚腕。毛色有白色、乳白色、黑色、褐色、棕色、红色、橘色、橙色、灰色。所有的颜色、图案、变化都可以接受。

步态　博美的步态流畅、轻松、和谐而且活泼。每一侧的后腿都与前腿在同一直线上移动。腿略向身体中心线会聚，以达到平衡。前腿和后腿既不向内也不向外翻，背线保持水平而且整体轮廓保持平衡。

3. 缺陷

头骨太圆，呈拱形。上颚突出或下颚突出。脚腕低。后膝关节缺乏稳定的支撑结构。被毛软、平、稀。

4. 特性

博美犬具有警惕的性格、聪明的表情、轻快的举止和好奇的天性，是一种性格外向、非常优秀的伴侣犬，同时也是很有竞争力的比赛犬。

九、美国可卡犬（American Cocker Spaniel，彩图 9）

美国可卡犬又称美国曲架犬、可卡猎、斗鸡猎、可卡猎鹬犬等，“Cocker”意为猎雉犬，因该犬善于猎山雉而得名。

1. 起源

美国可卡原产于美国，其祖先是西班牙的猎鸟犬。很早以前，西班牙土犬被带到英国用作猎鸟，1680 年传入美国，在美国大量繁殖和改良后成为现在的可卡犬。1880 年该犬在英国曼彻斯特首次展出，1946 年被公认为新犬种。

2. 外貌特征

体型　理想公成犬体高 38 cm，母犬 36 cm，1.3 cm 偏差。体长比体高略大，但看上去不能有身子长或者身子矮（腿短）的外观。体重 10～13 kg。

头部　头部与身体的其余部分相称。颅部浑圆但不过于夸张，无平坦的趋势；眉毛清晰，额段明显。眼下的骨质结构清晰而颊部不突出。吻宽而深，具有方形平齐的颚。口吻部的长度等于额段向上绕过头顶至枕骨底部曲线距离的一半，以获得正确的平衡。牙齿强健而坚实，呈剪状咬合。鼻大，使吻部和颜面部平衡，鼻孔发达，为猎犬类典型的鼻孔。黑色犬或黑褐色犬的鼻为黑色，其他毛色犬的鼻为褐色、肝色或黑色，颜色越深越好。鼻的颜色与眼线的颜色相协调。眼球圆形丰满，向前直视。杏仁眼，虹膜为深褐色，越深越好。耳呈小叶片状，长，细革质，饰毛发达，耳根位置低于眼下水平线。

颈部、背线、躯干 颈长足以使鼻轻易伸达地面，颈部肌肉发达，颈下无松弛下垂皮肤。肩胛向后倾斜与上臂形成约 90°角，不突出。身体短，紧凑结实，给人强有力的印象。背部强健，由肩部向尾根均匀的略微向下倾斜。胸深，其最低点不高于肘部，胸宽但并不影响前腿的运动。前肢骨骼肌肉发达，在肩胛下方紧贴躯干，直而平行，支撑肩部。掌节短而强健。后肢的骨节和肌肉强健，大腿整齐有力，脚大而紧凑圆形，既不内向也不外向。

尾部 尾巴与背线相平或略高，不竖立也不低垂，运动时尾部行动轻快。一般断尾，仅留 1/3。

被毛 被毛丝状，平坦或有波纹，质地易于护理，头部被毛短而细，躯干部长度适中，有足够的绒毛层保护。耳、胸、腹部和腿有良好的饰毛，但又不能过多以致覆盖身体线条和妨碍运动。被毛颜色单色系有全黑、黑褐色、米色、棕色、棕褐色、红色等。花色系黑白花、红白花（红色可以由最浅米色至最深红色）花。

步态 步法灵活自如，后肢强劲有力，典型的猎犬步态，姿势优美而不凌乱。

3. 缺陷

体高和体重超标过多，被毛过盛或卷曲、呈棉状，杂色品种主色不到 90%，嘴长而尖细，眼小色浅，耳朵小，胸狭窄，背拱，四肢纤细，长尾。

4. 特性

美卡是猎犬中体型最小的成员，在运动时既有速度又很有耐力。性格自由活泼，性情平稳而无羞怯的迹象。表情聪颖机警，柔和而有感染力，易于服从，忠于主人。

十、标准雪纳瑞犬（Standard Schnauzer，彩图 10）

雪纳瑞犬又称史猱查犬、史劳策犬、施诺译犬，根据体型大小可分为巨型、标准型和迷你型 3 种，其中标准型雪纳瑞犬是最古老的品种，巨型和迷你型都是由它改良而来的。

1. 起源

雪纳瑞犬原产于德国，由德国史猱查狸与大丹犬杂交培育而成。1905 年引入美国，1925 年成立美国雪纳瑞犬俱乐部，1930 年输入英国，后传至世界各地。

2. 外貌特征

体型 体高 45～50 cm，体重 15～16 kg，体高与体长相等，呈正方形。

头部　头部结实、呈矩形、而且很长(整个头部的长度大约为后背长度的一半),从耳朵开始经过眼睛到鼻镜,略略变窄。头顶部平坦,额段不明显。眼睛中等大小;深褐色;卵形,向前。眉毛弯弯的,而且是刚毛。耳朵位置高,发育良好,中等厚度,如果剪耳,耳朵应该竖立。如果未剪耳,应该是中等大小的耳朵,呈"V"字形,向前折叠,内侧边缘靠近面颊。口吻结实,与头盖长度一致;口吻末端呈钝楔形,有夸张的刚毛胡须,使整个头部呈矩形外观。口吻的轮廓线与脑袋的轮廓线平行。鼻镜大,黑色而且丰满。嘴唇黑色,紧。牙齿为剪状咬合。

颈部、背线、躯干　颈部结实,中等粗细和长度,呈优雅的弧线形,皮肤紧凑。背线不是绝对水平,而是从第一节脊椎开始,到臀部(尾根处)略微向下倾,并略呈弧形。背部结实、坚固,直而短。腰部发育良好,从最后一根肋骨到臀部的距离尽可能短。身躯紧凑,结实,结合简短且坚固。胸部宽度适中,肋骨扩张良好,横断面呈卵形。胸部的深度为最低的位置与肘部齐平,从胃部向后,逐渐向上收。臀部丰满、略圆。前肢笔直,垂直于地面,从任何角度观察,都没有弯曲的现象;两腿湿度分开;骨量充足;肘部紧贴身体,肘尖指向后面。前肢的狼爪可以被切除。足爪小、紧凑且圆,脚垫厚实,黑色的趾甲非常结实。脚趾紧密、略呈拱形(猫足),趾尖笔直向前。后肢肌肉非常发达,与前肢保持恰当比例,大腿粗壮,后膝关节角度合适。脚腕短,而且与地面完全垂直。足爪与前肢相同。

尾部　尾根位置稍高,向上竖立。需要断尾,保留的长度应该在 2.5～5 cm 之间。

被毛　紧密、粗硬、刚毛而且尽可能浓密,柔软而紧密的底毛,粗糙的披毛,按毛发纹理逆向观察,毛发向后方生长,既不光滑也不平坦。披毛(身躯上的毛发)经过修剪(很明显),但只突出了身体的轮廓。被毛的质地是最重要的特征,在比赛中,犬后背上的毛发长度在 2～5 cm 最为理想。口吻和眼睛上面的毛发比较长一些,形成眉毛和胡须。椒盐色或纯黑色。

步态　完美、有力、敏捷、大方、正确且标准的步态是由于后腿有力而且后腿角度合理,能很好地产生驱动力。前肢伸展的幅度与后腿保持平衡。在小跑时,后体坚固而水平,没有摇摆、起伏或拱起。从后面观察,虽然在小跑中,足爪可能会向内靠,但绝不能相碰或交叉。加速时,足爪可能会向身体的中心线靠。

3. 缺陷

体高超标,立耳或垂耳,上颚突出式咬合或下颚突出式咬合。被毛柔软、光滑、卷曲、稀疏或蓬松;太长或太短;底毛稀疏或缺少底毛;松鼠尾。除了指定颜色以外的任何颜色。侧行或迂回前进;划桨步,起伏、摇摆;无力、晃动、僵硬、做作的臀部动作;前肢向内或向外翻;马步,从后面观察有交叉或相碰。害羞或非常神经质都属于严重缺陷。

4. 特性

标准雪纳瑞犬具有极高的智商,聪明勇敢,乐于接受训练,对气候和疾病有很强的忍耐力和抵御力。它天性合群,非常英勇而且极度忠诚。

十一、西高地白㹴(West Highland White Terrier,彩图11)

西部高地白㹴是一种小体型、爱玩、协调、坚定的㹴类犬,具有良好的艺术气质。

1. 起源

原产于英国西部高地,据研究,其祖先为凯恩㹴,因二者除了毛色不同外,体型极为相似。

2. 外貌特征

体型 体高26~28 cm,体重约6 kg。体长略小于体高,身体紧凑、平衡、骨量充足。

头部 头颅宽、比口吻略长,两耳间头顶略呈圆拱形,向眼睛方向逐渐变细。从前面看,头部呈圆形,与身躯比例协调。眼睛中等大小,杏仁状,深褐色,两眼距离大,位置深,眼圈呈黑色。耳朵小,紧紧地竖立着,彼此间距离比较宽,位于头顶两侧的边缘。耳朵末梢很尖,绝不允许剪耳。耳朵上的毛发需要修剪,使其柔软一些,平滑一些,耳朵末梢留有璎珞,黑色皮肤比较理想。口吻钝,比头颅略短,有力且向鼻镜方向轻微变细,鼻镜大而黑。颌部平而有力。嘴唇是黑色的。剪状咬合或钳状咬合都可以接受。

颈部、背线、躯干 颈部肌肉发达,略倾斜,长度与其他部分比例恰当。背线平坦、水平。身躯紧凑而且结实。肋骨深,上半部肋骨支撑良好,深度至少达到肘部,显示出平坦的外观。后部肋骨也相当深,最后一根肋骨到后腿的距离很短,使身躯能自由运动。胸非常深,扩展到肘部,其宽度与整个身体呈恰当的比例。腰部短、宽而结实。前肢肌肉发达,骨骼粗壮。相对较短,但有足够的长度使犬不至于太靠近地面。腿直,覆盖着浓密的、短短的、坚硬的毛发。从肘部到肩部最高点与从肘部到地面的距离大致相等。前足爪比后足爪大,圆形,比例恰当,结实,脚垫厚实;呈轻微外八字。狼爪可以切除。黑色的脚垫和趾甲比较理想。大腿肌肉非常发达,角度恰当,距离不很宽,飞节骨量充足、短,从后面观察,彼此平行。

尾部　尾根的位置很高,尾巴较短,骨量充足,形状像胡萝卜。站立时,尾巴竖立,但不应该高于头顶的水平线。尾巴被坚硬的毛发所覆盖,没有饰毛。尽可能直,欢快地举着,不能卷曲在背后。不允许断尾。

被毛　有两层被毛。头部的毛发构成了头部圆形的外观。外层被毛由直而硬的白色毛发组成,约 5 cm 长,颈部和肩部的毛发短一些,经过修整,短毛区域与长毛的肚子及腿部完美地融合为一体。理想的被毛是坚硬的、笔直的、白色毛发,而且坚硬而直的小麦色毛发比白色蓬松的或柔软的毛发更可取。

步态　自由、笔直且从容。非常独特的步态,不做作,有力,伸展和驱动都很好。前肢能自由的伸展,两腿略向中心靠拢。后腿的动作是自由、强壮且适当靠近。飞节收缩自如,靠近身体下方,所以足爪移动时身躯被推向前。

3. 缺陷

超高或高度不够。骨骼纤细。小、突出或浅色的眼睛。耳朵末梢圆、宽、长、耳朵位置近,不能紧紧地竖立,或位置太低,位于头部两侧。口吻比头颅长。鼻镜为黑色外的其他颜色。缺齿或牙齿不齐。缺少门牙或缺少多个前臼齿。上颚突出式咬合或下颚突出式咬合。颈部太长或太短。尾根位置太低,尾巴太长、太细,尾巴半举着或卷曲在背后。柔软的被毛,丝状毛或卷曲的毛发。单层毛或毛发太短。除白色外的任何其他颜色,过重的小麦色。过于胆怯或过于好斗。

4. 特性

好奇、警惕、快乐、勇敢、自信,而且很友好。

十二、约克夏㹴(Yorkshire Terrier,彩图 12)

约克夏㹴别名约基,是一种机警、聪明的玩具类㹴犬。公犬、母犬体重均不超过 3.1 kg,体高约 20 cm,原产地英国。头部经常用丝带装饰,全身披满丝状长毛,并拥有㹴类调皮的性格,在犬界的地位十分巩固,拥有“上流贵妇人香闺”般的魅力。

该犬身材小巧、紧凑而且比例匀称。头很小且平,高高昂起,透出自信、自尊和精力充沛。眼睛大小适中,黑而亮,眼睑边缘黑。耳朵小而直立,呈“V”形,覆有深色短毛。黑色鼻。口吻短。牙齿剪状咬合。背较短,背线水平,断尾 1/2。前腿直,肘部既不内翻也不能外翻。从后面看,后腿直,而从侧面看,后膝关节呈适当的角度。足爪圆,趾甲为黑色。暗钢蓝色被毛,自枕骨延伸至尾根。胸毛丰富,为亮棕褐色。所有棕褐色毛发中,根部颜色比中部颜色要暗,并逐渐向尖部变浅。一部分脸上的被毛、从头到尾的被毛都直直地、柔顺地挂在身体两侧，分界线从鼻部开始至尾尖部。

约克夏㹴体形紧凑简洁，身姿挺立，神态威严，勇敢，性情平稳。

十三、中国冠毛犬(Chinese Crested Dog，彩图 13)

中国冠毛犬原产于中国，又名中国无毛犬、半毛犬等，是世界上少有的几个无毛犬种之一。其无毛的特征是由伴性遗传基因控制的。该犬除无毛犬种外，也有全身皆有稀疏的软毛的品种。无毛犬种除头部(叫冠毛)、尾巴(叫尾羽)、前腕和后腕(叫短袜)长有丝一样的软毛外，全身无毛。

体高 23～35 cm，体重 3～5.5 kg。体长略大于体高，骨骼纤细，身材苗条。头部少肉，吻部尖长，耳大直立。颈部略呈弓形，背线略向臀部倾斜，胸部深度与肘齐平。胸骨不明显。腿长、细、直。腕部竖直、精致且强壮。脚呈兔形足，脚窄且脚趾细长。前爪特别灵活，能像人那样抓物件。尾巴细长。当狗走动时，尾巴欢快地运动或翻卷在背上。

中国冠毛犬性格开朗、活泼、机智、勇敢、警惕性高，温柔且爱清洁，体无臭气，体形美观，亲切可爱，能表演，观赏性强。适合与小孩做伴，适合城市饲养，不适合炎热的天气，较难适应寒冷的气候，不需要经常梳理被毛。

十四、金毛寻回犬(Golden Retriever，彩图 14)

金毛寻回犬原产于英国，又称黄金猎犬、金毛寻回猎犬、金毛犬、金毛。外貌整洁、性格温顺、忠诚恋人、沉稳、充满自信，对小孩有耐心，聪明活泼，是一种喜欢户外活动的家庭犬。金毛的天赋能力包括搜寻、跟踪、取回、检测毒品、灵活敏捷、高服从性、游戏表演等，还非常喜爱游泳。

公犬体重 26～31.5 kg，母犬 25～27 kg，公犬体高 56～61 cm，母犬 51～56 cm。头骨宽，但枕骨和前额均不突起。口鼻部直，与头骨接合流畅、稳固。鼻镜偏向黑色。下颌强壮，剪状咬合。眼睛颜色为深棕较理想；中等棕色也可接受。耳朵中等，与眼睛平齐。颈部长度适中，肌肉强健，咽喉部皮肤不能过于松弛下垂。背部水平，腰短，强壮，平直，无赘肉，侧面看，腰部收缩微小。胸深，肋骨深而扩张。尾巴扬起，向后保持水平，尾巴顶端无卷曲。前腿骨量充足，伸展性好，肩胛长、充分后靠。后腿强有力，肌肉强健。后膝关节自然弯曲。脚浑圆，像猫脚，趾垫厚。被毛平滑，呈波浪形，具有很好的饰毛，以及浓密的防水绒毛，任何色调的金色或奶黄色，既不能为红色，亦不能为红褐色。胸部只允许有少许的白色毛发。

总体外貌：浑身匀称，有力，活泼，行动稳健，表情友善，个性热情。

十五、拉布拉多猎犬(Labrador Retriever,彩图 15)

拉布拉多猎犬原产于英国,性情温和、聪明听话、容易训练、活泼好动、忠实主人、服从指挥,是最受欢迎和最值得信赖的家庭犬。

公犬母犬均 25～34 kg,公犬 54～59 cm,母犬 54～62 cm。头骨宽阔,线条分明,脸颊无赘肉。鼻镜宽阔,鼻孔发达,口吻强有力。牙齿剪状咬合。眼睛中等大小,褐色或淡褐色,透过眼睛显出聪明,脾气温顺。耳根靠后,耳朵紧贴头部下垂。骨骼强健,背线平直,腰部接合紧密,非常活跃;胸部与肋骨宽而深;腰部与后躯宽阔而强健。尾部被覆短而致密的被毛,形成特有的、似水獭的圆形外貌,无论静止或是运动,尾巴始终与背中线保持直线,直立,但从不弯过背部。被毛短而直并且非常致密,手感粗硬,颜色为全黑色、黄色、肝色或巧克力色。胸部可允许有少量的白点。

拉布拉多猎犬嗅觉敏锐、机警活泼,非常敏捷,适应性强,用此现在用途很多,如警犬、缉毒犬、搜救犬、导盲犬、助听犬、服务犬、防癫痫犬及伴侣犬等。

十六、比格犬(Beagle,彩图 16)

比格犬又称猎兔犬,格鲁猎兔犬,是世界上著名的小猎兔犬,它们起源于英国,是英国贵族狩猎时用来驱赶猎物的小猎犬,通常成群活动又是群猎犬。美国将比格犬引进后进行改良,所以美国的比格犬普遍都比英国的比格犬体型娇小。

比格犬体重 7～12 kg,体高 30～40 cm。头部相对较长,后枕骨略微圆拱,头盖骨宽而丰满。耳朵长,位置略低。眼睛大,颜色为榛色或褐色。口吻长度适中,直,略呈清晰的正方形。颈部轻巧、舒展地从肩部升起,结实,长度适中。肩部倾斜,整洁、肌肉发达,能自由转动,且在运动中显得活跃而有力。胸深而宽,但不能太宽而影响肩胛的正常运动。背部短,肌肉发达而结实。腰部宽而略微圆拱。肋骨支撑良好,给胸腔足够的空间。前腿直,骨量充足,与猎犬的整体尺寸比例恰当。足爪紧凑、圆而稳固,脚垫丰满、坚硬。臀部和大腿结实且肌肉发达,能提供强大的推动力。尾巴健壮,长度适中。位置高,感觉欢快,但不会卷到背上或从根部向前卷。覆毛良好特别是尾巴下侧。被毛短,致密并防水。被毛颜色除肝色外可以是任何已知的狩猎犬颜色。

比格犬的性格活泼与人亲近没有攻击性。外表美丽动人,智商高,但是服从力却很差,经常对主人的吩咐凭自己的喜好对待。胆大,活动性强,有耐力和决心,友好而机警。

十七、法国斗牛犬(French Bulldog,彩图 17)

法国斗牛犬外貌活泼、聪明,肌肉发达,骨骼沉重,被毛平滑,结构紧凑,体型中等或较小。表情显得警惕、好奇而充满兴趣。除了切除狼爪以外,对他的任何改动都是错误的,属于失格。

体重 9～13 kg,体高 35～38 cm。肌肉发达,骨骼沉重,身体各部分匀称。头大呈三角形,有皱纹,眼睛离耳朵的距离远,中等大小,既不凹陷,也不突出。耳朵大,如蝙蝠翅膀状,尖端浑圆,直立。头顶部,在耳朵之间平坦;前额不平坦,而是略微圆拱。口吻宽、深且向后;面颊的肌肉发达。鼻镜和上唇为黑色,上唇厚而宽,垂在下颌两侧,在前面与下唇结合,遮盖住牙齿。下颌深且宽,正方形,向上翻。颈部粗而圆拱,喉咙有松弛的皮肤。背部拱起,短而结实,紧随肩胛后面,略微塌陷。胸部宽、深且丰满,肋骨支撑良好,腹部上提。尾巴直或螺旋状(但不卷曲),短,下垂,根部粗,而尖端细。休息时向下垂。前肢短而直,肌肉发达且距离宽。足爪中等大小,紧凑而稳固。脚趾紧凑,上部裂开,趾关节高,趾甲短而粗硬。后肢结实而肌肉发达,比前肢长,使腰部比肩胛略高。飞节位置低。后足爪比前足爪略长。被毛适度细腻,光滑,短而平滑。皮肤柔软而松弛,尤其是在头部和肩胛,形成皱纹。被毛颜色为虎斑色、驼色、白色、虎斑色带白色等。

法国斗牛犬举止恰当,适应性强,是舒适的伴侣,天性挚爱,气质平静;通常活跃、警惕且顽皮,但没有不恰当的喧闹。

十八、大麦町犬(Dalmatian,彩图 18)

大麦町犬是一种有斑点的特殊犬,平静而警惕、强健、肌肉发达且活泼;毫不羞怯;表情聪明伶俐;轮廓匀称;丝毫没有夸张或粗糙的地方。大麦町犬具有极大的耐力,而且奔跑速度相当快。

体高为 50～60 cm,体重为 21～25 kg。体长体高大致相等。大麦町犬具有良好的体质,骨骼结实而强健,但绝不粗糙。头部与整个身躯相当协调。眼睛中等大小,颜色通常是褐色或蓝色,或两者的结合,颜色深一点比较理想。耳朵中等大小,根部略宽(符合比例),逐渐变细,尖端略圆。位置较高,贴着头部,耳郭的质地薄而细腻。头顶平坦,中间有轻微的纵向凹痕。口吻长度与头盖骨的长度大致相同。鼻镜的色素充足,黑色斑点的犬,鼻镜颜色为黑色;肝色斑点的犬,鼻镜颜色为褐色。牙齿剪状咬合。颈部呈优美的圆弧形,相当长,没有赘肉,平滑地融入肩胛。背部水平而结实,背线平滑,胸部深,胸腔容积大,且宽度适中,肋骨支撑良好,但没有桶状胸。胸底延伸到肘部。胸腔底部呈优美的曲线,向身躯后方适度上提。腰部短,肌肉发达,且略微圆拱。整个腰部的腰窝都相当窄。尾巴是背线的自然延伸,位置不能太低,根部粗壮,向末端逐渐变细,延伸到飞节。绝不能断尾。姿势是略微向上弯曲的曲线,但绝不能卷曲到背后。前肢直,结实,且骨骼强健。后躯非常有力,拥有平滑但非常清晰的肌肉。前足爪和后足爪都非常圆而紧凑,脚垫厚实而有弹性,脚趾圆拱。黑色斑点的狗,趾甲颜色为黑色和/或白色;肝色斑点的狗,趾甲颜色为褐色和/或白色。狼爪可以切除。被毛短、浓厚、细腻且紧贴皮肤,圆滑且有光泽。底色是纯粹的白色。黑色斑点的犬,斑点是浓重的黑色。肝色斑点的犬,斑点的颜色是肝褐色。斑点圆而清晰,越清楚越好,大小合适且分布均匀。

大麦町犬动作稳固而轻松,气质稳定而外向,但很威严。

十九、喜乐蒂牧羊犬(Shetland Sheepdog,彩图 19)

喜乐蒂牧羊犬是一种小型的、警惕的、粗毛型的长毛工作犬。它轮廓非常匀称,没有任何地方是特别夸张而与整体比例失调的。雄性看起来雄壮,而雌性则显得柔美。

喜乐蒂牧羊犬体高为 33～41 cm,体重 6～7 kg。体长略大于体高。头呈长而钝的楔形,从耳朵到鼻镜方向逐渐变细。眼睛中等大小,颜色深,杏仁状,位置稍微有点斜。耳朵比较小,且柔韧,位置较高,3/4 直立,尖端折向前方。颜色必须为暗黑色,除了芸石色狗的眼睛允许是蓝色或芸石色。圆形的口吻,长度与头盖骨长度相等,交汇点在内眼角处。下颌深而发达,延伸到鼻孔,鼻镜必须为黑色。牙齿剪状咬合。颈部肌肉发达,圆拱,而且有足够的长度,能使头部骄傲地昂起。背部水平且肌肉强健。胸部深,延伸到肘部。肋骨扩张良好,腹部适度上提。腰部轻微拱起,而臀部逐渐向后倾斜。臀骨(骨盆)与脊椎成 30°角。尾巴相当长,当尾巴沿着后腿下垂时,尾椎骨的末端至少可以延伸到飞节。休息时,尾巴的姿势是笔直下垂或略微弯曲。警惕时尾巴通常会举起,但绝不能超过后背。前肢直、肌肉发达且整洁、骨骼强健。足爪呈卵形,紧凑,脚趾圆拱而紧密。脚垫深而坚硬,趾甲硬而结实。大腿宽而肌肉发达。飞节轮廓鲜明,有角度,强壮有力,骨骼强壮且韧带结实。双层被毛,外层披毛由长、直、粗硬的毛发组成,底毛柔软、浓厚、浓密,使被毛有被"撑起来"的感觉。毛色为黑色、蓝色芸石色或深褐色(从金色到桃木色都可以),带有不同程度的白色斑纹(带有或不带棕色)。

喜乐蒂牧羊犬步态轻松而顺畅,对主人热情、忠实、友爱。无论如何,它可能对陌生人有保留,但绝不会显得害怕或畏缩。

二十、威尔斯柯基犬（Welsh Corgi，彩图 20）

威尔斯柯基犬原产于英国，突出特点是立耳、长身和短腿，个子矮小，骨量适中，是漂亮、有力的小型犬，速度和耐力都非常好。

体高 25～30 cm，体重 8～11 kg，体高和体长的理想比例约为 1∶1.8。头部精致，与性别及体质协调一致。眼睛略大，不突出，眼圈为暗黑色，眼角清晰。眼睛颜色深且与被毛颜色相配。蓝色眼睛（包括眼睛有部分位置为蓝色），或一只蓝色、另一只暗黑色，允许出现在蓝色芸石色犬的身上。耳朵大而直立，耳尖略圆，耳郭健壮，耳根适度宽阔。口吻圆但不钝；锥形但不尖。鼻镜为黑色，蓝色芸石色的犬除外，蓝色芸石色的犬最好是黑色鼻镜，但蝴蝶鼻也可以接受。牙齿剪状咬合。颈部长度适中，肌肉发达，无赘肉。背线水平。身躯长而结实。胸部宽度适中，胸骨突出。胸部深，肋骨支撑良好，为肺部提供足够的空间。腰短，结实，适度上提。腰窝清晰。臀部略微向下，向尾巴方向倾斜。尾巴位置比较低，且延伸到飞节。站立时和漫步时，尾巴笔直下垂；奔跑时，尾巴举起，与地面平行；兴奋时，尾巴向上举起，但绝不卷曲在背后。被毛平滑，中等长度，有非常浓密的双层被毛。不同深浅的红色、深褐色或带有斑纹。黑色带有或不带棕色或斑点。蓝色芸石色（黑色、灰色，大理石色）带有或不带棕色或斑点。

威尔斯柯基犬步态舒展、平滑，敏捷。具有镇定、忠诚、友爱、适应性强等特性。

二十一、蝴蝶犬（Papillon，彩图 21）

蝴蝶犬又称巴比伦犬，是一种小巧、友好、文雅的玩具犬，骨骼纤细，动作轻巧、优美而活泼。与其他品种最大的区别在于其状似蝴蝶的耳朵。

体高 20～28 cm，体重 1.4～4.5 kg。体长略大于体高，体重与体高成正比。头部小，头颅宽度中等，在两耳间，略呈圆拱形。眼睛圆，中等大小，颜色暗，黑色眼圈。耳朵大而且耳尖较圆，位于头部两侧相对靠后的位置，有直立耳或者垂耳。口吻精致，从头部下来突然变细，鼻尖非常细。口吻的长度（从鼻尖到止部）大约等于整个脑袋长度（从鼻尖到后脑）的 1/3。鼻镜呈黑色，圆形，上端略平。嘴唇紧、薄且黑。牙齿为剪状咬合。

颈部长度中等。背线直而且平。胸深中等，肋骨扩张良好。腹部向上收。尾巴长，尾根位置高，反搭在背上。尾巴上饰有长而飘逸的饰毛。尾巴上的饰毛挂在身体两侧。四肢纤细，骨骼细但必须很直，可以切除狼爪。足爪细而长（野兔爪），足尖不向内或向外翻。毛量丰富，长，精致，像丝一样飘逸，直而且有弹性。背上和身体两侧的毛发笔直。胸部长有丰富的饰毛。没有底毛。头部、口吻、前肢正面和后肢从足爪到飞节部分的毛发紧而且短,耳朵边缘长有漂亮的饰毛,里面则长有中等长度的,柔软光滑的毛发。前腿背面长有饰毛,到脚腕处减少。后腿到飞节这段部分被"马裤"(也称为裙裤)覆盖。脚上的毛发较短,但精致的饰毛可能盖住脚面。理想的颜色总是白色加其他颜色的斑纹。在头部,颜色必须是除白色外的其他颜色覆盖两个耳朵,正面和反面,并且延伸到眼睛,中间不能断开。纯色的头部,从鼻尖开始,脸中间有一道白筋的是首选。只要眼圈、鼻子和嘴唇的黑色素充足,至于是什么颜色并无区别。

蝴蝶犬步态轻松、迅速、从容、优雅,行走中不能有划桨动作,或臀部僵硬的情况出现。具有快乐,警惕,而且友好的特性,不能胆怯,也不能有攻击性。

二十二、凯利兰㹴(Kerry Blue Terrier,彩图 22)

典型的凯利兰㹴应该是高大、紧凑,而且平衡良好的,显得发育正常而且肌肉发达,带有明显的㹴类犬的性格和特征。

凯利兰㹴的体高为 42～50 cm,体重为 14～18 kg。头部长,但与身体的比例协调。头颅平坦,头颅在两耳间的宽度中等,向眼睛方向逐渐变窄。眼睛颜色深、小,不突出,位置恰当,显示出㹴类犬的热烈眼神。耳朵呈"V"字形,小,但与整体比例协调。中等厚度,向前垂于面颊两侧,耳朵折叠线略高于头颅。鼻镜黑色,鼻孔大而宽。牙齿呈剪状咬合。颈部中等长度,靠肩部逐渐变宽,骄傲地昂起。背部短、结实而且笔直(所谓背线平直),不显得松弛。胸部深,相当结实。肋骨扩张良好,深而不圆。腰部轻微上翘,短而有力。尾巴位置高,中等长度,欢快地举着,直立的尾巴最好。从前面和侧面看,前肢都保持笔直。脚腕短、直而且不显著。后躯结实、肌肉发达,大腿长而有力,后膝关节适度弯曲。足爪结实、紧凑、相当圆、稍小;脚垫厚度恰当,没有裂纹;足尖上拱,足尖既不内翻也不外翻。趾甲为黑色。被毛柔软、浓密、呈波状。成年犬的正确颜色为浓淡不一的蓝灰色或灰蓝色,从深石板蓝到浅蓝灰色都可以。除了口吻、头部、耳朵、尾巴和足爪允许是黑色的,其他地方的颜色十分均匀。

凯利兰㹴动作不拘束。肘部垂直挂在身体两侧,动作简洁。行动中前后肢都保持笔直,后膝关节既不内翻也不外翻。

二十三、贝林登㹴(Bedlington Terrier,彩图 23)

贝林登㹴是一种文雅、温柔的犬,平衡良好,没有任何粗糙、软弱的地方。安静时的表情显得十分柔和,没有胆怯或神经质的倾向。兴奋时十分警惕充满活力和勇气。

体高 38～45 cm，体重 8～10 kg。体长略大于体高。头部窄，但深且圆。头颅比较短而颌部比较长。头上长有大量头髻，颜色比身体上的颜色浅，最高处为头顶，逐渐向鼻梁伸展并变细。从头顶到鼻镜是一条连续的线。使头部显得细长，没有面颊或中断。嘴唇是蓝色中带黑色、蓝色、褐色、棕色等纯色和组合色。眼睛呈杏仁状、小、明亮，下陷深度恰当。位置斜，相当高。耳朵呈三角形，耳尖较圆。耳朵位置低，平平的挂在面颊两边，略向前指。耳朵薄，覆盖了一层绒毛，像天鹅绒一样。口吻结实，骨骼粗壮。牙齿为钳状咬合或剪状咬合。颈部长，逐渐变细，无吊喉而且从肩部斜向上伸，没有过多的肌肉。头能高高昂起。胸深，肋骨深而平，深度达到肘部。后背自然上拱，形成弓背。四肢柔韧而且肌肉发达。后腿比前腿长一些，前腿直，在胸部的间距比足爪间距离大一些。后膝关节角度恰当。飞节结实，靠下，不向内翻或向外翻。脚垫厚实，平滑，足爪为长兔足，足爪紧凑。狼爪应该被切除。被毛是很有特点的软毛与硬毛相杂，形成浓密的卷绳状。尾巴位置低，根部较粗，逐渐变细。不能举过后背，也不能紧贴在身体下面，长度刚好到飞节。被毛颜色为蓝色、茶色、肝色、蓝色和棕色、茶色和棕色、肝色和棕色。

贝林登㹴行动非常轻巧，外形很像小绵羊。有耐力，高速奔跑时，身体轮廓会清楚的展示出来。

二十四、马尔济斯犬（Maltese，彩图 24）

马尔济斯犬又称马耳他犬，是最古老的欧洲玩赏犬之一，从头到脚披着白色丝状长毛，态度文雅而深情、热切而行动活泼，尽管体型小却具有令人满意的作为伴侣犬所需的精力。

体高 20～25 cm，体重 1.8～2.7 kg。头颅顶部略呈圆形，额鼻段适度。耳位较低，下垂，有大量长的耳缘饰毛，下垂至头。眼距极宽，眼色极深而呈圆形，有黑色眼边。吻长适中，精巧而逐渐收缩但不显长吻状。鼻黑色。牙齿钳状咬合或剪状咬合。颈部较长度能使头高昂。躯体紧凑，背线平，胸深，臀短，四肢短。尾有长羽状饰毛，优美地位于背上，尾尖向体侧超过 1/4。前腿直，掌节结实，不见弯曲。后腿强健，膝关节和飞节角度适当。脚小而圆，趾垫黑色。单层被毛，被毛长、平而呈丝状，向体侧下垂及地。头部长毛可用头饰扎住或任其下垂。毛色纯白，允许耳部有淡黄褐色或柠檬色，但不是最好的。

马尔济斯犬的步态轻快、平稳而流畅。它虽然体型小，但自信和有感情的反应性是很诱人的。它是所有小犬中态度最温和的，但它又是活泼爱玩和生气勃勃的。

二十五、日本狆(Japanese Chin,彩图 25)

日本狆是一种小体型,安定、活泼且贵族化的玩具犬,它带有一种独特的、东方式的表情。动作轻盈而时髦。羽毛状的尾巴卷在背后,搭在身体一侧。毛量丰厚,像丝一样光滑、柔软,且直。它的轮廓呈正方形。表情活泼、好奇、警惕且聪明。

体高 20～30 cm,体重 2～5 kg,体长等于体高。身体结构结实、紧凑、精确。体重与身体的高度及结构成正确的比例。大而宽的头、距离分地很开的大眼睛、短而宽的口吻、耳朵和耳朵上的饰毛及脸部斑纹组成的图案,构成了日本狆独特的东方式的表情。小 V 形垂耳位于头顶较偏下的位置。口吻短而宽,褶皱的脸颊和嘴唇正好包住牙齿。鼻子非常短且宽,鼻孔开阔。牙齿为轻微的下颌突出式咬合。颈部的长度和粗细适中,背线水平,身体呈正方形,圆形肋骨使胸宽适度。胸深适度,与肘齐平。尾根高,卷在背上,并搭在身体一侧。四肢直,骨骼纤细,足爪呈兔形足,狼爪可以切除。成年犬的脚趾末端有饰毛,脚趾直。被毛丰厚,毛发直,单层毛且像丝般柔滑,在脖子、肩膀、胸部周围形成浓密的鬃毛或毛领,尤其是尾巴毛量丰厚形成羽毛状。被毛有 3 种颜色:黑白花、红白花和黑白花带褐色斑纹。

日本狆步态动作时髦而轻盈,呈直线运动,前后腿在同一平面上移动。它是敏感而聪明的犬,对熟悉和喜欢的人充满感情,而对陌生人或新情况有所保留。

二十六、吉娃娃犬(Chihuahua,彩图 26)

吉娃娃属小型犬种中最小型犬,优雅,警惕,动作迅速,以匀称的体格和娇小的体型广受人们的喜爱。吉娃娃犬不仅是可爱的小型玩具犬,同时也具备大型犬的狩猎与防范本能,具有类似㹴类犬的气质。此犬分为长毛种和短毛种。这种犬体型娇小,对其他犬不胆怯,对主人极具独占心。

体高 12～15 cm,体量 0.5～2.7 kg,体长略大于体高。最好是圆形的"苹果形"脑袋。眼睛很大而不突出,匀称。耳朵大,直立。口吻较短,略尖。牙齿为剪状咬合或钳状咬合。颈部略有弧度,完美地与肩结合。背线水平。浑圆的肋骨支撑起胸腔,使身体结实有力。尾巴长短适中,呈镰刀状高举或向外,或者卷在背上,尾尖刚好触到后背(绝不能夹在两腿间)。肩窄,向下渐渐变宽,前腿直,使肘部活动不受约束。足纤细,脚趾分开,但不能分得太开,脚垫厚实(不能像兔足或猫足)。后肢肌肉强健,距离适当,不太靠里或太靠外,向下看,强壮且坚固。足同前肢。短毛型的被毛质地非常柔软,紧密和光滑(毛量足够大时允许有底毛)。被毛覆盖犬身,且头部和耳朵上被毛稀疏。尾巴上的毛发类似皮毛。长毛型被毛质地柔软,平整或略曲,最好有底毛。耳朵边缘有饰毛(如果耳朵比较薄,而饰毛比较多,耳朵可能会略向前倾，但绝不能向下）。尾巴丰满且长（羽状毛）。毛色可为任何颜色，斑块或斑点。

吉娃娃动作迅速、坚定，具有很强的后躯驱动力，前躯导向配合后躯驱动，昂首阔步。行动中，背线保持水平、稳定，文雅而且不费力。性格警惕，类似㹴类犬的气质。

二十七、腊肠犬（Dachshound，彩图 27）

腊肠犬又称猎獾犬，原产于德国。根据体型分为标准型和迷你型 2 种。这两种体型都有长毛、短毛和刚毛 3 类。其中以标准型短毛腊肠犬最为普遍。

标准腊肠犬体高 21～27 cm，体重 6.5～7 kg。身躯长，靠近地面，腿短，精力充沛且肌肉发达，皮肤有弹性而柔韧，没有皱纹。头长吻尖，耳大下垂。眼睛小呈椭圆形，黄褐色。尾长下垂无弯曲，胸骨突出，背部平直，前肢短粗，向内弯曲，后肢结实发达，脚距稍近。被毛颜色较多，有红色、黑色、巧克力色、黄褐色等或两种颜色夹杂。短毛种被毛密生，短而平滑；长毛种被毛光滑似绸缎并且呈波浪式，颈下、耳、躯体下部被毛稍长，尾部有装饰毛；刚毛种被毛粗硬密生，长有长而密的颌毛和眉毛。

腊肠犬感觉敏锐，动作敏捷，头部自信地昂起，非常和谐、清晰，而且面部表情聪明、警惕。在捕猎时，依靠它的鼻子、大嗓门及与众不同的身体结构，使它适合在地下或灌木丛中工作。它机灵、活泼、勇敢，有点轻率，在地面或地下工作时不屈不挠，所有的感官都非常发达。

二十八、萨摩耶犬（Samoyed，彩图 28）

萨摩耶犬又名萨摩艾特犬，原本是一种工作犬，常出现在美丽的图画中。机警、有力、非常活泼、高贵而文雅。原产于前苏联西伯利亚中部，由于生活在寒冷地区，所以全身长满浓密的被毛，毛色多为纯白色。

该犬成年公犬体高 53～59 cm，体重 21～25 kg；母犬体高 48～53 cm，体重 16～21 kg。头呈楔形，宽，头顶略凸，但不圆拱或像苹果头。口吻深，向鼻镜方向略呈锥形，嘴唇黑色，嘴角略向上翘，形成具有特色的“萨摩式微笑”。耳朵三角形，结实而厚，直立，尖端略圆。耳朵之间距离分得比较开，靠近头部外缘，被许多毛发覆盖着。眼睛杏仁状，颜色深，下眼睑指向耳根，有深色眼圈。鼻镜黑色最理想，但棕色、肝色、炭灰色也可以接受。牙齿剪状咬和。颈部结实、肌肉发达，骄傲地昂起，颈部与肩结合形成优美的拱形。胸部非常深，且肋骨扩张良好。前躯直而腰部非常结实。前肢（脚腕以上）直、彼此平行；脚腕结实、坚固、直，但相当柔韧，配合具有弹性的足爪。后臀非常发达,后膝关节适度倾斜。后腿结实,彼此平行。萨摩犬拥有双层被毛,身体上覆盖一层短、浓密、柔软、絮状、紧贴皮肤的底毛,披毛是透过底毛的较粗较长的毛发,披毛直立在身体表面,绝不能卷曲。披毛围绕颈部和肩部形成“围脖”(雄性比雌性要多一些)。尾巴长度适中,如果尾巴下垂,尾骨的长度应该能延伸到飞节。尾巴上覆盖着长长的毛发,警惕时会卷到后背上,或卷向一侧,当休息时,有时尾巴会放下。

萨摩犬的动作轻快、灵活,步伐有节奏。步态舒展、平稳、有力,前躯伸展充分、后躯驱动有力。聪明、文雅、忠诚、适应性强、警惕、活跃、热衷于服务,友善但保守。

二十九、西伯利亚雪橇犬(Siberian Husky,彩图29)

西伯利亚雪橇犬又名西伯利亚哈士奇犬,原产于西伯利亚东北部,主要用于拖拉雪橇。

公犬体高54～60 cm,母犬体高51～56 cm。公犬体重20～27 kg,母犬体重16～23 kg。头中等大小,与身体的比例恰当;顶部稍圆,从最宽的地方到眼睛逐渐变细。眼睛杏仁状,稍斜。眼睛可以是棕色或蓝色;两眼颜色不同如颜色符合标准也可以接受。耳朵大小适中,三角形,位于头部较高的位置。口鼻逐渐变细,末端既不尖也不方。灰色、棕褐色或黑色犬的鼻镜为黑色;古铜色犬鼻镜为肝色;纯白色犬可能会有颜色鲜嫩的鼻镜。粉色条纹“雪鼻”也可以接受。嘴唇着色均匀,闭合紧密。牙齿剪状咬合。颈部长度适中、拱形,犬站立时直立昂起。胸深且强壮,背线平直。腰部收紧,倾斜,比胸腔窄。前腿之间的距离适中,平行,笔直,肘部接近身体,不向里翻,也不向外翻。椭圆形的脚,不长。爪子中等大小,紧密,脚趾和肉垫间有丰富的毛。肉垫紧密,厚实。后肢肌肉发达,有力,膝关节充分弯曲,踝关节轮廓分明,距地的位置较低。尾巴上的毛很丰富,像狐狸尾巴,恰好位于背线之下,犬立正时尾巴通常以优美的镰刀形曲线背在背上。被毛为双层,中等长度,看上去毛很浓密,但是不掩盖犬本身清晰的轮廓。从黑到纯白的所有颜色都可以接受。

西伯利亚雪橇犬步态平稳舒畅,脚步快而轻,性格温柔、警觉并喜欢交往。该犬种聪明、热情,是合适的伴侣和忠诚的工作者。

三十、阿拉斯加雪橇犬(Alaskan Malamute,彩图30)

阿拉斯加雪橇犬是一种古老地极地雪橇犬,原产于阿拉斯加西部。

体高59～64 cm,体重34～39 kg,结实、有力,肌肉发达而且胸很深。站立时头部竖直,眼神显得警惕、好奇,给人的感觉是充满活力且非常骄傲。头部宽阔。

耳朵呈三角形，警惕时保持竖立。口吻大，宽度从根部向鼻尖渐收。口吻既不显得长而突出，也不显得短而粗。被毛浓密，披毛有足够的长度以保护内层柔软的底毛。阿拉斯加雪橇犬有各种不同的颜色。它们脸部的斑纹是很显著的特点。头上有“帽子”，脸部是全白或有条纹或斑纹。尾巴上长着软毛，翻卷在背后，看起来像波浪状羽毛。

有粗壮的骨骼，健康的腿、良好的足爪、深深的胸和有力的肩膀，而且其他身体组织也要同样健壮，才能承担起它们的工作。步态坚定、和谐且非常有效率。

三十一、边境牧羊犬(Border Collie，彩图 31)

边境牧羊犬是非常匀称的中等体型犬，外观健壮，身躯坚实，肌肉发达，具有平滑的轮廓，给人的印象是动作毫不费力，且具有无穷耐力。这一特征使它成为世界排名第一位的牧羊犬。它精力充沛、警惕而热情。聪明是它的一大特点。

公犬体高 48～56 cm；母犬体高 46～53 cm。体长略大于体高。头宽阔，后枕骨不突出。眼睛卵形，耳朵竖立或半立(保持 1/4～3/4 的耳朵竖立)，口吻略短，结实，且钝，鼻镜端略细。牙齿和颚部结实，剪状咬合。颈部结实且肌肉发达，略拱，向肩部方向逐渐放宽。背线平，腰部后方略拱。胸深达到肘部，肋骨扩张良好。腰部肌肉发达，略拱，无上提。臀部向后逐渐倾斜。尾巴位置低，中等长度，尾骨延伸到飞节。末端有向上的旋涡。在全神贯注完成任务时，尾巴低垂，以保持平衡。兴奋时尾巴可能上举到背部的高度。前肢骨骼发达，彼此平行。后腿长、宽且肌肉发达。膝关节角度恰当，飞节结实、位置低。后肢骨量充足、直、彼此平行且有非常轻微的牛肢。足爪紧凑，卵形，脚垫深且结实，脚趾适度圆拱、紧凑。被毛有两种类型：粗毛和短毛。两种类型都有柔软、浓密、能抵御恶劣气候的双层被毛。粗毛型：毛发长度中等，质地平坦，略呈波浪状，脸部毛发短而平滑。前肢有羽状饰毛。后脚腕的毛发可以被剪短。短毛型：全身的毛发都很短，前肢可能有饰毛，胸部毛发丰满。

边境牧羊犬具有很多种颜色，有各种不同的式样和斑纹。最普通的颜色就是黑色带(或不带)白筋、白围脖、白袜子、白尾尖，带(或不带)褐色斑纹。身体出现各种不同的颜色都是允许的，唯独全白色是例外。单色、双色、三色与传统的颜色在比赛中应该一视同仁。

边境牧羊犬步态舒展、平顺、敏捷而不费力。是聪明、警惕而敏感的品种，对朋友非常友善而对陌生人明显地有所保留，所以是一种非常优秀的看门犬。

三十二、古代英国牧羊犬(Old English Sheepdog,彩图32)

古代英国牧羊犬是一个健壮、紧凑、正方形比例、和谐的品种。非常迷人,被毛丰厚、浓密但不过分,肌肉发达,身躯强壮。

体高公犬约55.8 cm或更高,母犬约53.3 cm或更高。体长与体高相等,没有细长腿或腿短身体长的样子。头宽大且最好呈正方形,眼窝以上适度圆拱。眼睛褐色、蓝色或一只褐色、一只蓝色。耳朵平贴在头部两侧。鼻镜黑色,大且宽阔。咬合方式为钳状咬合或紧密的剪状咬合。颈部比较长,温和地圆拱。肩部比腰部略低,但没有软弱或松弛的迹象。臀部比肩部要宽,肋骨支撑良好,胸部深而宽。腰部非常结实,且略微圆拱。尾巴在贴近身体处切断。前肢绝对笔直,且骨量充足。后躯圆且肌肉发达,飞节位置低。站立时无论从哪个角度观察,跖骨都垂直于地面。被毛非常丰厚,使它显得很肥胖,质地较硬,不直,但很蓬松,不能卷曲。耳朵上有适量被毛,整个脑袋被毛发所覆盖。颈部也有大量被毛。腿部周围都是毛发。大腿和臀部的毛发比其他部位的毛发要更浓厚、更长,形成所谓的"夹克"。被毛颜色为任何深度的灰色、灰白色、蓝色或芸石色,带有或不带白色斑纹(或相反)。

古代英国牧羊犬步态舒展而有力,非常轻松,前躯伸展和后躯驱动都很好。步幅非常大,且步频很低,奔跑时很有弹性。该犬适应性强,非常聪明。

三十三、日本狐狸犬(Japanese Spitz,彩图33)

日本狐狸犬又称日本史必兹犬、日本尖嘴犬,原产于日本,大约在日本大正十三年,由白色的德国狐狸犬和日本犬杂交改良而成。

公犬体高35~38 cm,母犬体高33~35 cm。公犬体重9~11 kg,母犬体重7~9.5 kg。体长稍大于体高。全身覆盖着长而直白被毛,头部、胸部、尾巴上有丰富的装饰毛。头相当大,头盖平而宽。眼睛圆大而呈三角形,眼与鼻呈黑色,显得很可爱。耳朵直立而且呈三角形。细小的鼻子,嘴尖,牙齿呈剪状咬合。颈部有丰富的饰毛。胸部宽深适度,背部平直,腰部宽,腹上收。前肢直,肘部近于胸底,后肢大腿宽阔而肌肉丰满,跗关节弯曲适度。脚圆,紧凑,猫型趾,趾间饰毛丰富。尾巴有丛毛卷至背部。

该犬勇敢活泼,高傲自大,精力充沛,但对主人十分忠心,经常会神经质地叫个不停。

第二章　宠物美容基础知识

项目一　犬的美容保定技术

实训目标

控制犬的身体和心理，使美容工作能够顺利进行，且不使美容师受伤。

实训材料

美容台、绷带或细的软绳、牵引绳、伊丽莎白圈、犬嘴套。

实训方法和步骤

1. 实训准备

(1)先与犬交流，使其消除戒备心理。

(2)用正确的抱犬方法将犬抱到美容台上。

2. 实训步骤

(1)扎口保定法　适用于性格暴躁爱咬人的犬。

长嘴犬的保定方法：用绷带或细的软绳在中间绕两次，打一个大的活结圈，套在犬嘴上，在下颌间隙系紧。然后将两个游离端沿下颌拉向耳后，在颈背侧枕部收紧打结，见图2-1。

短嘴犬的保定方法：在绷带或细的软绳的1/3处打一个大的活结圈，套在犬嘴上，在下颌间隙系紧，将两个游离端沿下颌拉向耳后，在颈背侧枕部收紧打结。然后将其中长的游离端经颈部引向鼻侧穿过绷带圈，再返转至耳后与另一游离端收紧打结，见图2-2。

(2)嘴套固定法　适用于大型犬或爱咬人的犬。

根据犬个体的大小选择适宜的犬嘴套，将嘴套的带子绕至耳后扣牢即可。

(3)项圈固定法　适用于性格暴躁的小型犬。

项圈(又称伊丽莎白圈)，一般采用的是软性塑料制成，安全、牢固，绒布包边，

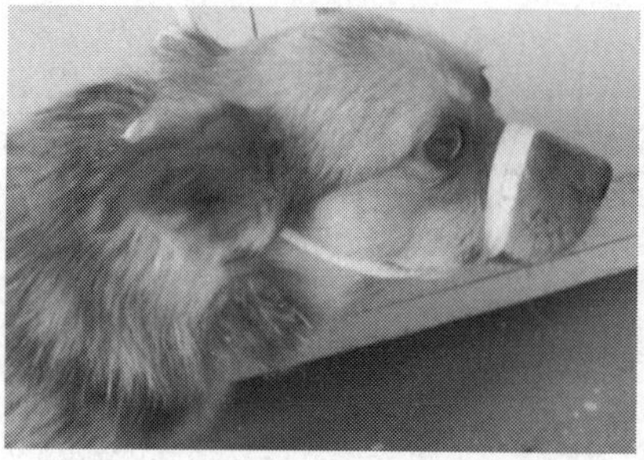

图 2-1　长嘴犬的扎口保定法

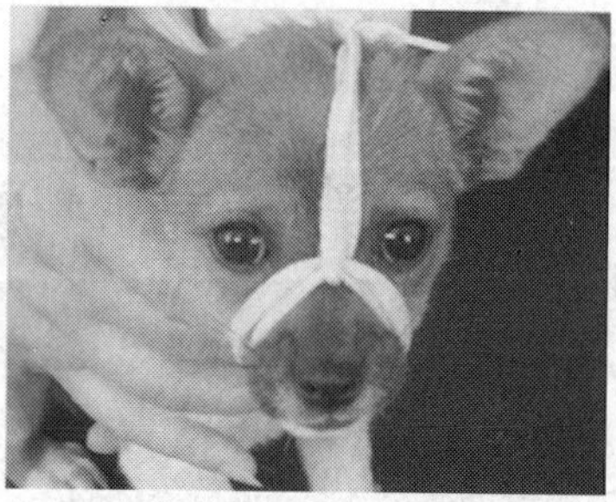

图 2-2　短嘴犬的扎口保定法

不会伤及宠物身体，接口采用雌雄粘布，使用也比较方便。根据内外圈直径尺寸分为不同型号，内圈直径 13～30 cm 不等，不同大小犬种选用相应的尺寸。这种方法和前两种相比，使犬更容易接受。

多数犬不需要前 3 种保定方法，一旦采用必须经过主人允许。

(4)牵引绳保定法　修剪最常使用的方法。

一只手扶住犬，另一只手将牵引绳套过头部和一侧前肢，此为前身保定法。当需要对犬的头部或颈部修剪时，则采用后身保定法，即将牵引绳套在犬的腰部(注意不要勒住公犬的生殖器)。

调整牵引绳的松紧度使犬保持四肢站立的姿势，一只手托住犬的下颌，另一只手托住犬的臀部可以校正犬的站立姿势。

(5)修脚底毛或剪趾甲时的徒手保定法

在修脚底毛或剪趾甲时，有反身保定法和正身保定法两种。与犬身体方向相反，用胳膊夹住犬的身体(大型犬直接用胳膊夹住犬的前肢或后肢)，一只手抓住犬的脚部，另一只手工作，见图 2-3。

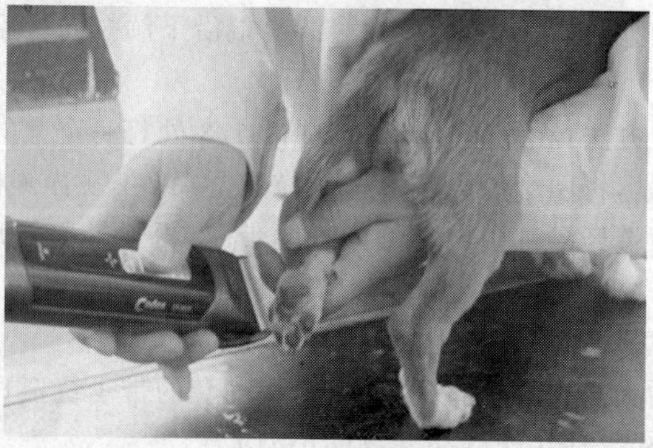

图 2-3　反身固定法

实训结果考核标准

实训结果考核表

考核项目	要求	评分标准	权重
扎口保定法	针对犬嘴长度不同选择不同的结节方法，扎结牢固	两种方法都能灵活掌握且操作熟练，扎结牢固，90～100分；两种方法都会且能扎结牢固但不熟练，80～89分；只能熟练操作一种方法，且扎结牢固，70～79分；只会一种方法但不熟练，60～69分	0.3
牵引绳保定法	会前身和后身保定法，会校正犬的站立姿势	两种保定方法都能灵活掌握且能熟练的校正犬的站立姿势，90～100分；两种保定方法都会且能校正犬的站立姿势但不熟练，80～89分；两种保定方法都会但是不能校正犬的站立姿势，70～79分；只能熟练操作一种保定方法且能校正犬的站立姿势，60～69分	0.3
修脚底毛或剪趾甲时的徒手保定法	能分别用反身保定法和正身保定法固定犬的四肢和身体	两种方法都能灵活掌握且操作熟练，3分钟内完成，90～100分；两种方法都会但不灵活、不熟练，5分钟内完成，80～89分；两种方法都会但不熟练，完成时间超过5分钟，70～79分；只能熟练使用一种方法，60～69分	0.4

实训资料单

1. 如何与犬交流

对于第一次见面的犬，要用轻柔亲切的语言赞美它，以消除它的紧张情绪。

向你不太熟悉的犬接近时要小心，动作要慢。先朝脸的水平面伸出手，让它蹲下嗅手。手切忌从上往下按，因为这是一种威胁手势。如果狗儿看起来很友好又没有明显的害怕和攻击人的迹象，你就可以抚摸它了。不要拍它的头，因为这是一种支配手势。

抚摸犬要先伸出掌心给它看，然后在从它的下颌、胸部、头部、到脸再到全身这样的顺序轻轻地抚摸，同时轻声细语的对它说话。另外，抚摸犬的头时顺便轻轻握住犬的鼻子，也有利于犬的服从心理的养成。有时可以让犬仰卧在地上，抚摸它的腹部和四肢内侧等部位。

2.抱犬的方法

抱犬是为了促进犬的服从心理的养成,同时也是为了和犬亲热,有利于人和犬的和谐共处,加强交流。

成犬的抱法　抱犬之前需要先对它说话,让它放心,如果对它的性情捉摸不定,就先给它戴上口套。一只手搂着胸部和前肢,另一只手搂着臀部,蹲下将犬搂到胸前(背部要保持挺直)。接着抱犬搂稳,抱起来。紧张不安的狗可能需要其他人帮助抑制它,你要轻轻地捉住它的头并对它讲话。

幼犬的抱法　平静地抚慰幼犬,并将一只手放在它的前肢和胸下面,护着幼犬的胸部,另一只手托住后肢和臀部,把犬抱起。这种抱法可以防止它从手中逃走。

3.口罩的使用

口罩可以代替嘴套,防止被犬咬伤,使用方便。各式各样的产品都是以固定口吻部为目的设计的,只有猫类是连眼睛也含覆在内的。口罩根据依材质可以分为以下几类:

铁制　坚固,但笨重且容易搓伤。

尼龙布制　扣带配以魔术贴,轻便好用,但不耐久。

皮革制　耐用但扣带难以快速固定,用久有异味。

塑胶制　配以插销式扣带,好用,光滑硬质表面不易挣脱,易清洗。

说明:胆怯或性格凶暴的宠物对生人的触摸会因紧张而产生排斥或反抗的精神状态,为了顺利完成美容作业,口罩的使用是必要的。

好的口罩要求:不伤宠物,易扣,不易脱落,容易清洗。

实训作业

(1)练习如何接近犬。

(2)分别选择一只大型犬和一只小型犬练习各种保定方法。

(3)预习常用美容工具的使用。

项目二　美容工具使用技术

实训目标

识别常用美容工具，掌握常用美容工具的使用方法。

实训材料

实训动物　长毛犬和短毛犬各一只。

工具　美言梳、针梳、分界梳、开结刀、鬃毛刷、电剪、直剪、弯剪、牙剪、趾甲钳、拔毛刀、止血钳、吹风机、吹水机。

实训方法和步骤

1. 识别美容工具

识别美容梳、针梳、分界梳、开结刀、鬃毛刷、电剪、直剪、弯剪、牙剪、趾甲钳、拔毛刀、止血钳、吹风机、吹水机等美容工具，并分清各工具的用途。常用美容工具见图 2-4。

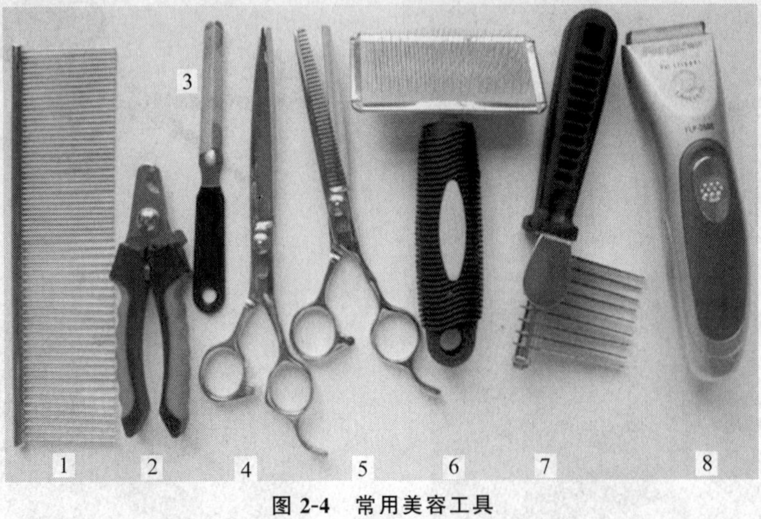

图 2-4　常用美容工具

1. 美容梳　2. 趾甲钳　3. 趾甲挫　4. 直剪　5. 牙剪　6. 针梳　7. 开结刀　8. 电剪

2. 练习工具的手持方法和使用方法

练习美容梳、针梳、趾甲钳、拔毛刀、止血钳等工具的手持方法（图 2-5）和使用方法（拔毛刀的手持方法同开结刀）。

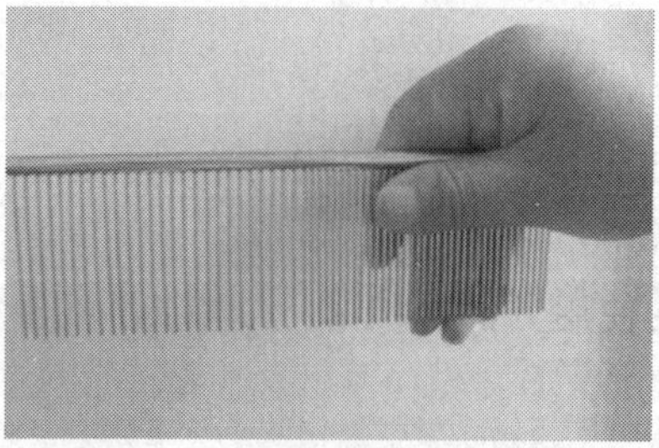

美容梳手持法

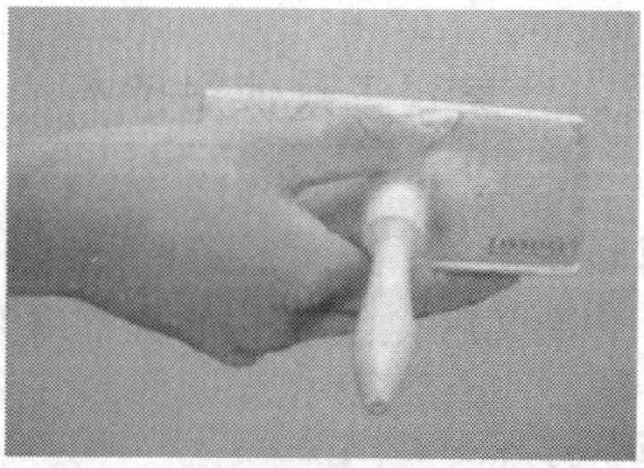

针梳手持法

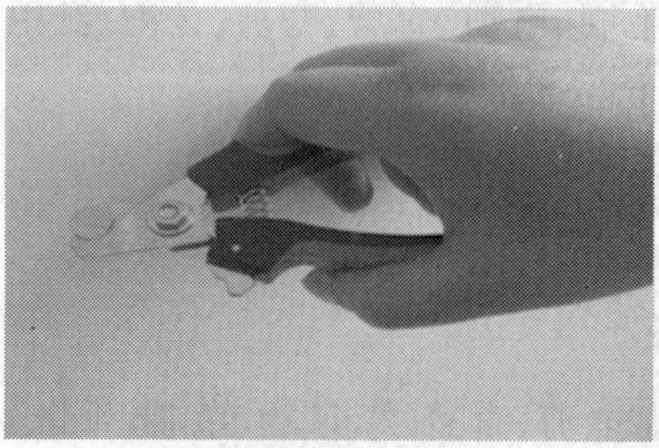

趾甲钳手持法

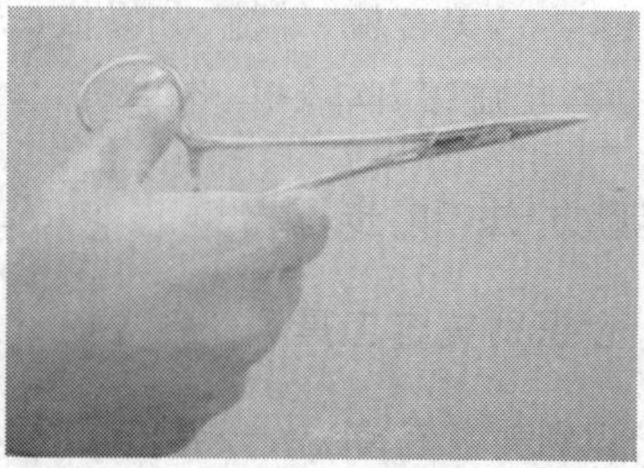

止血钳手持法

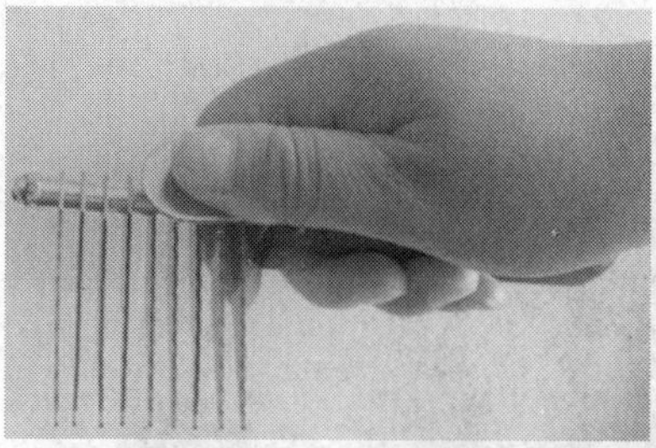

开结刀手持法

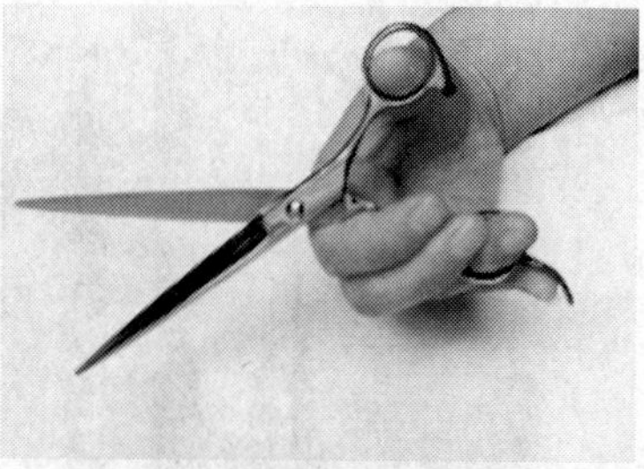

直剪手持法

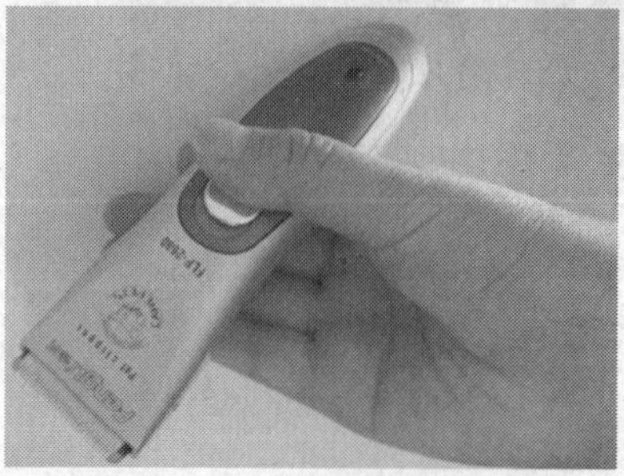

电剪抓握法

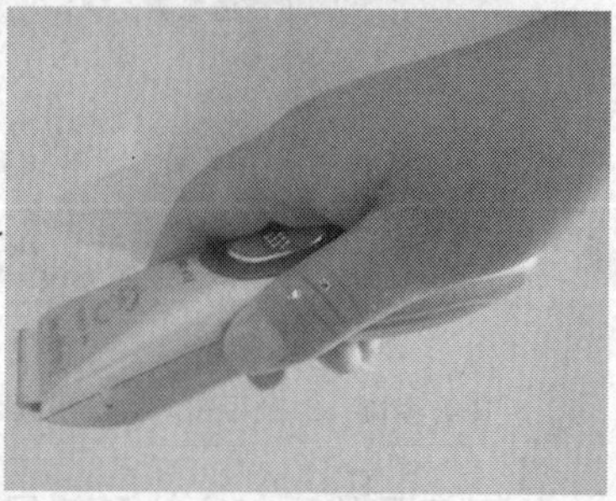

电剪手握法

图 2-5 各种美容工具的手持方法

3. 练习直剪的手持方法和运剪方法

将无名指伸入一指环内。食趾放于中轴后，不要握得过紧或过松。小拇趾放在指环外支撑无名指，如果两者不能接触尽量靠近无名指。将大拇趾抵直在另一指环边缘拿稳即可(图 2-5)。按照运剪口诀练习水平、垂直、环绕运剪。

运剪口诀：由上至下、由左至右、由后之前、动刃在前、眼明手快、胆大心细。

4. 电剪的使用方法

电剪的手持方法有手握式和抓握式(图 2-5)。手握电剪要轻、灵活。平行于犬皮肤平稳地滑过，移动刀头时要缓慢、稳定。(在犬的腹部练习)皮肤敏感部位注意随时试刀头温度，如果温度高需冷却后再剪。皮肤褶皱部位要用手指展开皮肤，避免划伤。耳朵皮肤薄、柔软，要扑在掌心上平推，注意压力不可过大以免伤及耳朵边缘皮肤。

实训结果考核标准

实训结果考核表

考核项目	要求	评分标准	权重
识别常用美容工具	能够认识并会使用常用美容工具	认识并会使用 14 种美容工具，100 分；认识并会使用 11～13 种美容工具，90～99 分；认识并会使用 8～10 种美容工具，80～89 分；认识并会使用 6～7 种美容工具，70～79 分；认识 11～14 种美容工具，70～79 分；认识 6～10 种美容工具，60～69 分	0.4
直剪的手持方法和运剪方法	①正确持握直剪；②运剪稳，张口大；③能够向各个方向稳定地运剪	各项都能顺利完成，100 分；会拿剪刀，运剪稳且张口大，某一方向运剪灵活，90～99 分；会拿剪刀，运剪稳且张口大，运剪不够灵活，80～89 分；会拿剪刀，运剪不稳且张口不大，某一方向运剪灵活，70～79 分；会拿剪刀，运剪不稳且张口不大，运剪不灵活，60～69 分	0.3
电剪的使用方法	①正确持握电剪；②会选择不同型号刀头；③会清理保养刀头	各项都能顺利完成，100 分；会持握电剪，能选择部分刀头，会保养刀头，90～99 分；会持握电剪，能选择部分刀头，但不会保养刀头，80～89 分；会持握电剪，不能选择刀头，会保养刀头，70～79 分；会持握电剪，不能选择刀头，不会保养刀头，60～69 分	0.3

实训资料单

一、常用美容工具的介绍

1. 针梳

用途　打开缠结的被毛或去除底毛。钢针较细且富有弹性，能穿入毛球内部，梳理时遇到阻碍就可以弹出，减少毛发损伤。

类型　按尺寸分大、中、小 3 种，一般通用中尺寸；按质地分硬质和软质两种。前者胶板为红色，针硬，适用于严重打结的情况。后者胶板为青色，针柔软，不易伤到皮肤，适用于被毛有少量缠结的情况。

说明　好的针梳“＜”形钢针尖端平整，胶板与钢针密合且有一定弹性，木质握把。

2. 美容梳

用途　用于被毛的梳理和挑松，以及剪毛时配合剪刀挑毛。

类型　标准梳全长 22.5 cm，针长 4.5 cm，疏密两用，适用于各种类型的毛发梳理。蚤梳用于清除毛发中的蚤、蜱，或清理眼睛下方的泪垢，小型、密齿。由于一些除虫浴液的使用，蚤梳已不常使用了。

说明　美容梳是最常用的梳理工具，好的美容梳需要具备以下条件：材质坚硬（以金属制品为主），不易弯曲变形；表面镀层好，能防静电；疏密两边重量平均，中心点一致；针尖圆滑，不卡毛。

3. 开结刀

用途　用于用针梳梳不开的严重结节的毛球的梳理，其锐利的刃部可以快速省力的打开毛球，且不会伤到皮肤（开结刀的快口都设计在内侧，碰不到宠物的皮肤，刀头部位加粗并经过了钝化处理）。

类型　有刀片嵌入型和刀刃型两种，常用的为后者。刀刃型又分为单刃型和多刃型。单刃型适用于严重硬化的毛球，多刃型适用于中度缠结的毛球或单刃型的后续操作。

说明　好的开结刀要钢质好，握把适手，刀头经过钝化处理。

4. 毛刷

用途　用于快速梳理被毛，促进毛发的新陈代谢，长毛犬猫的被毛保养和短毛犬猫的皮肤按摩都可以使用。

类型

(1)金属针型 半球形的胶板充满空气,梳理时针尖伸缩自如,多用于被毛需要经常护理的宠物,以及吹风干燥、打散毛发的护理。好的金属针毛刷需要有弹力,松紧适度,不易缩针,针尖经过钝化处理,木质握把为好。

(2)兽毛型 又称鬃毛刷,柔性好,不伤毛,适用于短毛犬的皮肤按摩和长毛犬的被毛上油。该毛刷的材料最好是猪鬃。

(3)尼龙毛型 与兽毛刷用途基本相同,且价格低廉。但是易产生静电引起被毛结节,所以适合宠物沐浴时使用。

(4)橡胶粒型 适用于宠物沐浴时或短毛犬去除死皮时的被毛梳理。

(5)手套型 用于去除底毛或给外层被毛增亮。

5. 电(动)剪

用途 快速去除被毛(如足底、下腹、肛门周围的被毛),进行初步造型。

类型 宠物美容专业人员使用的电剪主要有两种类型。

(1)电磁振荡式 美式电剪,速度快,但容易因高温而烫手,需要配合冷却喷雾使用。

(2)马达回转式 日式电剪,运转速度稍慢,但机身较轻。

说明 不能用宠物电剪剪人的毛发,这样会缩短使用时间。好的电剪要耐磨损,使用时间长,易修理及零件耗材易购买。

6. 电剪刀头

用途 配合电剪使用,根据宠物的被毛长度和疏密程度以及初步造型后要求的长度选择不同型号的刀头。

类型 宠物美容常用的刀头有以下几种:

(1)30 号(0.25 mm) 用于剃足底、下腹和肛门周围的被毛,以及贵宾犬的造型。

(2)10 号(1.6 mm) 使用范围较广,适合犬的全身被毛剃除和局部修整,可接近皮肤自然颜色且不伤皮肤。

(3)7 号(3.2 mm)或 5 号(6.3 mm) 适合长毛犬或卷毛犬做短型剪法的前置粗胚用。7 号刀头还可用于剃㹴类犬的背部被毛。

(4)4F(9 mm) 用于贵宾、京巴、西施犬的身躯修剪。

刀头的保养 每次在刀头使用前都要先去除防锈保护层。每次使用完之后都要彻底清洗电剪，并涂上润滑油，保持做周期性的保养。去除方法：在一小碟去除剂中浸泡刀头，使之完全浸泡在试剂中，1 min 后取出刀头，然后吸干剩余试剂，涂上薄层润滑油，用软布包好收起。使用中避免刀头过热。在低压的状态下，剪刀转速太慢温度升高，最终会导致刀刃不锋利。冷却剂不仅能冷却刀头，而且还能够去除黏附的细小毛发和残留的润滑油残渣。只要把刀头卸下来，正反两面均匀喷洒，几秒钟后即可降温。冷却剂还可以完全挥发掉。

说明　刀头的号越大所留被毛的越短。逆毛推和顺毛推所留被毛长度不同，使用时应根据具体要求选择。好的刀头钢质硬度高，耐磨。

7. 美容剪

用途　用于宠物的立体修剪造型和细微修饰。

类型

(1)7 寸(21 cm)直剪、8 寸(24 cm)以上直剪　用于全身修剪。

(2)5 寸(15 cm)直剪　用于配合 7 寸直剪进行细节部位的修剪(如脚底和头部的修剪)。

(3)7 寸弯剪　用于有弧度的造型，如贵宾犬各种造型中的圆球修饰。

(4)牙剪　又称打薄剪，用于剪除大量浓密被毛，且不显出参差不齐的痕迹，或用直剪修理完，最后定型时修剪出毛发的层次感。

注意事项　保持剪刀的锋利，不要用剪刀剪宠物毛发以外的东西，不要修剪脏毛；每次用完后要用清洁油清洗刀口，防止生锈；千万不要放在美容台上，防止摔落地上，防止撞击；正确握剪刀能减少疲劳，提高效率。

说明　这是许多宠物美容师用得最多的一种工具，其中最常用的是直剪。因为宠物的毛质更细更松，所以它比一般的剪刀更加锋利，而且刀口间的缝隙也更加齐整，使用时一定要保持刀刃锋利。好的美容剪要求钢质良好，握感舒适，双刃结合成标准水平线，刀尖无锐角。

8. 趾甲钳(刀)

用途　用于宠物的趾甲修剪。

类型

(1)通用型　编号为 42581 的趾甲钳，可用于一般家庭饲养的犬猫。

(2)大型　超大型犬猫足爪厚硬，必须用编号为 42590 的趾甲钳。

(3)猫剪型　适用于剪除猫类勾爪内敛的趾甲，编号为 42595。

说明　好的趾甲钳(刀)要求刀片锋利，刀口平整，刀头可更换或修磨。

9. 止血钳

用途　用于拔除内外耳毛，清理耳道，夹除齿缝异物及体表寄生虫。

类型　按长短可分大、中、小号。按形状分为直型和弯型。一般宠物美容用小号弯型钳。

10. 拔毛刀

用途　可拔除死毛，加速毛发新陈代谢周期，使毛硬质化，以符合㹴类犬或刚毛犬的毛质要求。犬类专用工具，定期施行，可使犬只处于最佳毛质状态。

类型

(1)SS 细目刀 FINE KNIFE(有刃型)　上下毛连拔带割，施行于头部(耳、颊、头盖及混合部位)。

(2)S 中目刀 MIDDLE ARM(有刃型)　适用于头、前胸、尾、大腿内侧。

(3)M 粗目刀 COARSE KNIFE(无刃型)　适用于体躯(背、胸、腹、股)。

说明　犬类大都要求粗硬被毛，但因分布位置不同，毛的粗细也就有所差别，因此需要选择合适的刀具，施行各部位的分区拔毛。

11. 吸水巾

用途　沐浴后吸干被毛水分。

说明　吸水巾用吸水海绵制成，体积小，吸水量大，又可重复使用，是宠物美容的必需品。好的吸水巾要求收缩膨胀比高，表面光滑不伤毛，耐拧耐拉，常湿状态下不易发霉。

12. 分界梳

用途　用于给犬结扎和包毛时毛发分股。

说明　一侧有齿很密集，一侧为握柄，握柄末端较细，容易使毛发分离。

13. 美容纸

用途　保护毛发及造型结扎使用。

种类

(1)美式　混合塑胶成分，利于防水但透气性差。

(2)日式　颜色多样化，美观但不防水。

(3)台湾制　单一白色，价廉。

说明　长毛犬发髻的造型结扎，以及全身被毛保护性的结扎，都需用它来固定，以便与橡皮圈作阻隔缓冲。好的美容纸要求具有良好的透气性和伸展性，耐拉、耐扯，不易破裂。长宽适度(长 40 cm、宽 10 cm)。

14. 橡皮圈

用途　结扎固定使用。

种类　根据材质分为乳胶和橡胶两种，前者不粘毛，不卷纸，但弹性稍差。后者弹性佳，价廉，但粘毛。

说明　美容纸、蝴蝶结、发髻、被毛等的固定，以及美容造型的分股、成束都需利用不同大小的橡皮圈，一般最常使用的大约是 7 号和 8 号，超小号的使用者大都以犬展为目的的专业美容师。

15. 染毛刷

这是为方便宠物染毛而特设的产品，一头是斜面毛刷，用来上染毛剂为宠物染毛，另一头是梳子，可在染完毛之后，梳理毛发，让颜色更快渗入。

二、常用美容器材的介绍

1. 美容桌

用途　宠物美容专用工作台。

种类

(1)轻便型　可以折叠，轻便易于携带，适用于犬猫展或旅行等外出时使用。

(2)工作型　宠物美容业使用最普遍的一种工作台，稍重但稳固，犬猫躁动时不会摇动。

(3)液压或汽动型　可以自由调整高度和角度，做 360°旋转，能配合美容师的身高和习惯，适合各种类型的犬猫。但是该工作台沉重且不易移动。

好的美容桌需具备的条件

(1)活动桌展开后，4 个桌脚都不晃动，桌面水平。

(2)桌沿饰板与胶板结合紧密，容易清理。

(3)吊竿稳固，高度可以根据犬猫身高自由调整。

(4)适合东方人的体型(身高 150～165 cm)尺寸约为 78 cm(长)×45 cm(宽)×78 cm(高)。

2. 吹风机

用途　宠物被毛干燥、整形。

种类

(1)台式　置于工作台上，可以随时调整出分位置；价格低廉，但占用操作空间，国内很少使用。

(2)立式　有滑轮脚架可四处移动，出风口可360°旋转，中等价格，使用最广泛。

(3)壁挂式　固定于墙壁，有可移动的悬臂(高低45°，左右180°)，最节省空间，但价格昂贵。

说明　好的吹风机要有耐用的电动机，热量和分量可以调节，出风口上下左右可调节，进风口容易清理。

3. 吹水机

用途　快速吹掉宠物被毛表面的水分以及下层绒毛上的水分，极大提高工作效率。一般在使用吹风机吹干之前先使用吹水机吹致七八分干，可加快被毛干燥时间，避免宠物感冒。

种类　根据温度和风速是否可调可分为变频吹水机和不变频吹水机；根据放置方式不同可分为台式、立式和挂壁式3类(与吹风机类似)。

使用注意事项

(1)保持进风口畅通，不得有障碍物阻隔，以防烧坏机体。

(2)风量开关未打开前，不得打开加热开关。

(3)定期清理进风口网，保持风口清洁通畅。

(4)进风口应远离水源，以防吹水机内进水。

(5)风量开关灯打开后，未有风吹出时，应检查电源是否连接好。

说明　吹水机具有极高的出口风速，可将宠物底层绒毛内的水迅速打散吹飞且带有辅助加温功能，能够极大限度地缩短被毛的干燥时间。尤其适用于洗完澡不需要修剪造型的犬。

4. 宠物烘干机(箱)

用途　自动烘干宠物被毛。

种类　多为不锈钢材质，有大小不同尺寸。按功能分有只具有烘干功能的和附带洗澡功能的两种。另外，不同厂家生产的还附加了一些辅助功能，如定时功能、自动控温功能等。

说明　宠物烘干机(箱)是宠物美容店必备的美容工具之一,此设备应为全不锈钢材质,易于清洁消毒,防刮抗震。使用时应注意以下问题:

(1)依毛量及体型控制时间。

(2)发情母犬不可与任何公犬同箱烘干。

(3)老犬及紧张型犬、猫不可使用,改用手吹,因前者易休克,后者于箱内跳跃、冲撞时易受伤。

(4)及时清理机器,防止意外发生。

(5)除非寒流来袭,烘干箱内的温度一般在40℃以下最为适宜。

实训作业

(1)训练直剪的手持方法和运剪方法。

(2)练习常用美容工具的手持方法。

(3)熟悉各种美容工具的用途。

第三章　犬的常用养护技术

项目三　洗澡技术与吹干技术

实训目标

了解宠物洗澡技术与吹干技术的基本知识，掌握犬的洗澡技术与吹干技术。

实训材料

小型犬、浴巾、梳子、吹风机、浴液、香波和眼药水。

实训方法和步骤

1. 洗澡前的准备工作

(1)体检　洗澡前，一定要确认犬是否一切正常，如果觉得有异常，即使是非常细微的异常也要立刻与其主人沟通并加以确认。否则，可能会引起不必要的麻烦。下面是洗澡前体检项目的示例。可以在接受预约时，一边与其主人交谈，一边检查确认，这样会比较方便。只有在确定了犬的身体状况后，才可以根据具体情况采取相应的方法进行美容操作。

(2)梳理　洗澡前一般要进行充分的毛发梳理。首先要去除毛球，其次还要梳通纠结处，使梳子能够顺滑地一梳到底。

(3)选择合适的水　给犬洗澡最好使用温度35～38℃的水。浴缸要经过消毒，然后放入适宜温度的水，如果是淋浴则不需此操作。

(4)准备好应用的浴巾、梳子、吹风机、浴液、香波和眼药水(氯霉素)。

(5)用棉球将犬耳塞住以防水进入犬耳内，注意不能塞得太往里以免最后取不出来。

2. 背部及四肢打湿

将犬放入浴缸内，使其头朝向左侧，尾朝向右侧，侧立在浴缸内。右手拿起沐浴器头，轻轻打开沐浴器（刚开始水不要开得太大，以免吓到犬），先在其背上冲刷。左手拿一个针梳，边冲边梳理。将其被毛向左右两侧分开，用水轻轻地冲洗，背部冲湿后，接着是四肢和肚皮，将沐浴器头向下移动，将四肢打湿，再翻转沐浴器头，使其水流朝向上方，将其放到肚皮的下方，将四肢和肚皮周围的毛发打湿。再移动沐浴器头，将其后腿内侧以及前躯胸部的毛发打湿，然后是前肢及下颌，最后是头部。

3. 头部打湿

将沐浴器头放在犬头的上方，水流朝下，由额头向颈部的方向冲洗，耳朵要下垂似的冲洗，由额头上方，向耳尖处冲洗，再翻转耳内侧，这时就不能用沐浴器头冲洗了，而是用手轻轻地将耳内侧的毛发打湿。注意不要将水浸入耳内，以免造成耳内感染。眼角和嘴巴周围的毛发也不能用沐浴器头冲洗，用双手将其慢慢地打湿。

4. 梳理全身

待其身体的毛发全部打湿后，用针梳将犬的毛发再重新梳理一遍。注意：一定要顺着毛梳，千万不要逆毛梳理，逆毛梳理会折断很多毛发。四肢和脸部的毛发，沿下垂似梳理就可以了。梳理过后要将全身的毛发用清水再冲洗一遍。

5. 涂洗浴香波

用手将其全身的毛发涂上洗浴香波，在涂头部时应注意眼睛、鼻子、嘴巴和耳朵内一定不能涂上香波，尤其是眼睛，如眼睛不慎沾上香波，应立即用清水冲洗，或者用氯霉素眼药水冲洗，以免造成眼部疾病。香波涂好之后用双手进行全身按摩，使香波充分吸收并产生大量的泡沫，用双手轻轻地抓拍背部、四肢、尾巴及头部，这时可逆毛方向进行抓洗。可用双手轻轻地在肛门周围由内环绕型清洗及按摩，待爱犬的全身产生丰富的泡沫，再用清水将其冲洗掉。

6. 冲洗

方法与前面被毛打湿的方法基本相同，但一定要注意多冲几遍，一定要把犬身上的香波全部冲洗干净，冲洗的次数一般以 2～4 次为宜。

7. 包裹

冲洗过后用事先准备好的浴巾将犬的头及身体包裹住。将犬抱出浴缸放到美容台上，用浴巾反复搓擦其身体，直到将身体表皮的水分完全擦干。

8. 吹干

(1)背部吹干　拿掉浴巾，同时拿起吹风机，一手拿起针梳，将吹风机对准犬的身体先由背部吹起，边梳边用吹风机吹干。

(2)尾部吹干　由助手拎起尾巴，左手拿针梳、右手拿风筒，沿尾尖向尾根部，边梳边吹，此时应逆毛进行，直到尾部吹干为止。

(3)四肢及肚皮吹干　四肢吹起来比较麻烦的部位，因为四肢的内侧吹起来比较费劲，所以吹干时风筒可以稍微接近身体内侧，或让助手将犬体抱起并直立站起，这样方便吹四肢的内侧，同时还能将肚皮的毛发吹干。吹肚皮及四肢内侧的毛发时不能用针梳梳理，用手轻轻抚摩其毛发，再进行吹干。让犬躺下把脚抬起来精心吹干四肢的脚尖，防止出现被毛蜷缩的现象。

(4)头部和前胸吹干　要用手遮住犬的眼睛，其余部位应用毛巾包裹。利用喷雾式润滑剂将毛再度弄湿，把毛立起来的同时加以吹干。头部的毛吹干后，用橡皮圈进行固定，进行胸部吹干，注意不要把钢针刷梳得太深，使钢针发挥作用，让毛从头至尾完全被拉直。如果刷子的动作太慢，被毛就会缩回去。

9. 整形

吹干作业即将结束的时候，被毛是带有静电的。吹风机的热风会使被毛打结，不能达到紧贴皮肤的状态。因此，通过梳理来解开纠结的被毛，端正毛势，整理被毛是吹干操作结束后不可缺少的一个环节。

实训结果考核标准

实训结果考核表

考核项目	要求	评分标准	权重
洗澡的相关知识	了解犬的洗澡技术和吹干技术相关知识	准确口述犬的洗澡技术和吹干技术相关知识，25分	0.25
洗澡技术	掌握犬的洗澡技术	按实训要求做好洗澡准备，掌握洗澡过程各环节技术要点和术后护理，50分。口述正确、操作规范得90%分值者优；口述正确、操作基本规范得80%～90%分值者良；口述基本正确、在教师的指导下完成操作，得0%～60%分值者合格；在教师的指导下无法完成者不合格	0.5

续表

考核项目	要求	评分标准	权重
吹干技术	掌握犬的吹干技术	按实训要求做好洗澡准备，吹干技术过程各环节技术要点和术后护理，50分。口述正确、操作规范得90%分值者优；口述正确、操作基本规范得80%～90%分值者良；口述基本正确、在教师的指导下完成操作，得0%～60%分值者合格；在教师的指导下无法完成者不合格	0.25

实训资料单

一、洗澡技术

1.洗澡的必要性

为了防止皮肤干燥，阻止病原微生物入侵，犬皮肤的皮脂腺能分泌适量的皮脂，它既可防水，又可保护皮肤，因此皮脂对于皮肤健康来说是不可缺少的东西。但是皮脂具有一种难闻的气味，如果在皮肤和被毛上这些分泌物积聚多了，再加上外界粘到身上的污秽物，以及排泄后留下的一些粪尿，便可使被毛缠结，发出阵阵的臭味。同时污垢会妨碍皮肤的新陈代谢，成为细菌的温床，进而引发皮肤病。尤其是在我国南方炎热潮湿的春夏季节，如果不给犬洗澡，病原微生物和寄生虫就容易侵袭犬。洗澡不仅能够洗掉污垢，而且还能促进皮肤新陈代谢，维持健康。因此必须给犬洗澡，保持皮肤的清洁卫生，防止疫病的发生，维持犬的健康，使犬的皮毛变得更加美观。

2.洗澡的目的

(1)洗去皮肤和被毛上的污垢，使身体保持清洁。

(2)提高皮肤新陈代谢的功能，促进被毛生长发育。

(3)理顺被毛后，使修剪更方便。

3.洗澡的频率

人们对犬洗澡频率的认识随着时间的变化而变化。一般情况下认为，频繁地洗澡会对犬类产生不良的影响。如果洗澡过于频繁，在洗澡过中使用的洗发剂或香波会把犬毛上的油脂洗掉，没有了油脂的保护作用，就会使犬毛变得脆弱暗淡，容易脱落，并失去防水的作用，使皮肤容易变得敏感，还会引发疾病，如严重者易引起感冒或风湿病。如今随着新型洗浴香波的研究开发，即使每天都洗澡也没关系。但是，即使是现在，在被公认为服务照顾是最好的欧洲洗刷中心里，也没有形成以周为单位给室内饲养犬清洗的文化。相信今后人们对犬的清洁要求会越来越高，为犬洗澡也将成为每天工作的一部分。

一般应当根据犬毛的质地、颜色，犬毛弄脏的程度，所在地区的温度、湿度、季节和饲养环境等条件，来决定犬洗澡的频率。通常室内喂养的犬一般每1～2周洗澡一次，冬季可每月洗一次。但这也不是固定不变的，一般应根据犬的品种、清洁的程度及天气情况等而定。例如，被毛较短、分泌物较少的大型工作犬洗澡次数可少一些，一般每月1～2次；家庭观赏犬，如北京犬（京巴犬），毛长、分泌物多、腥味大，应每周洗一次。

4. 洗澡前的准备工作

(1)体检　洗澡前，一定要确认犬是否一切正常，如果觉得有异常状态，即使是非常细微的异常也要立刻与其主人进行沟通并加以确认，否则可能会引起不必要的麻烦。下面是洗澡前体检项目的示例，可以在接受预约时，一边与其主人交谈，一边检查确认，这样会比较方便。

体检示例

体况　查明有无呕吐、痢疾、口水等。

皮肤　身上有无死皮、湿疹、皮肤发红等异常情况。

耳朵　耳内是否脏污、发炎、肿胀，有无耳垢等。

眼睛　检查眼睛的颜色及周围的情况，有无眼屎或受伤等。

呼吸　细心倾听有无呼哧呼哧的喘息声或咳嗽声。

触摸　触摸犬的全身，注意其是否有疼痛感及发怒的情况。

只有在确定了犬的身体状况后，才可以根据具体情况采取相应的方法进行美容操作。

(2)梳理　洗澡前一般要进行充分的毛发梳理。首先要去除毛球，其次还要梳通纠结处，使梳子能够顺滑地一梳到底。这不仅会使清洗工作变得顺畅，而且还能减轻犬的负担。可以说，提高洗澡效率的秘诀在于洗澡前的梳理工作。

(3)选择合适的水　把犬放入浴缸前应事先用手确认水温是否合适，以防烫伤犬。给犬洗澡最好使用温度35～38℃的水。浴缸要经过消毒，然后放入适宜温度的水，如果是淋浴则不需此操作。此外，选择淋浴器和塑胶软管也是有很大区别的。淋浴器的水流和塑胶软管的水流带给犬的感觉有明显的差异。淋浴器可以淋湿很大的范围，但水流多少有些剧烈，而且是从高处往下喷水，有些怕生的家犬可能不太喜欢。而塑胶软管不仅可以使水很快深入到毛根，对于冲掉洗发香波也非常有效。使用塑胶软管还有一个好处就是它比淋浴喷头容易控制，可以用手更好地控制调节水流和水压。总之，无论是怎样的情况，事先都应用手测试水温、水压，这一点是非常必要的。

(4)准备好应用的浴巾、梳子、吹风机、浴液、香波和眼药水(氯霉素)。

(5)用棉球将犬耳塞住以防水进入犬耳内，注意不能塞得太往里以免最后取不出来。

5.香波的选择

犬的毛发和皮肤为弱酸性，而人的呈弱碱性，因此，不要用人使用的香波给犬洗澡，因为犬需要酸性的香波以保持毛发及皮肤的健康。酸碱度的尺度为 pH 值，pH 值等于 7 为中性，0～7 之间为酸性，7～14 之间为碱性。下面介绍几种特效香波。

(1)干洗香波　这是一种无须使用清水，利用碳酸镁和硼酸砂等粉末粒子的吸附洗净功能而制成的溶剂。它的作用仅限于为还不能入浴的幼犬和白色被毛较多的犬种进行暂时的局部清洁。但是，这类产品若残留在皮肤上会造成皮肤疾病，所以操作起来需要具备相当的熟练程度。

(2)药用香波　这是专门为患有皮肤病或者皮肤比较脆弱的犬类生产的药浴剂。有些香波液还掺有去除跳蚤、扁虱的除虫剂。为了配合药物的性质，多数产品呈弱酸性，所以不能过于期待它们的去污能力。也有很多产品添加了硫黄化合物，它不仅具有杀菌效果，同时还能起到软化皮肤表面的角质层、去除皮垢的作用。但如果频繁使用，将使皮肤变得粗糙，出现更加严重的皮屑现象。所以，应该按照产品的说明书来决定使用频率和清洗方法。

(3)漂白香波　这种香波里面含有漂白成分，会给被毛造成想象不到的损害，因此应避免频繁、连续地使用。由于碱性较强，需要加入护毛剂进行中和。如果用于白色被毛以外的毛色上，则能引起变色和脱色。

(4)护毛香波　虽然说是目前备受关注的新产品，但终究是面向消费者的商业产品。在去除污垢的同时又要给被毛施加养分，从理论上来说这需要有时间差，同时进行有很大困难。因为不能达到完全清洁养护的标准，所以不能算是专业级的香波。

6.洗澡的基本方法

一般 3 个月以内或未完全注射完疫苗的幼犬是不应该洗澡的。因为 3 个月以内或未完全注射完疫苗的幼犬抵抗力较弱，易因洗澡受凉而发生呼吸道感染、感冒和肺炎，尤其是北京犬一类的扁鼻犬，由于鼻道短，容易因洗澡而发生感冒、流鼻涕，甚至咳嗽和气喘。而且这个时候还非常容易患上传染病，如犬瘟或细小病毒病。同时，洗澡还可影响毛的生长量、毛质和毛色。因此，3 个月以内或未完全注射完疫苗的幼犬不宜水洗，而应以干洗为宜，即每天或隔天喷洒稀释 100 倍以上的宠物护发素或婴儿爽身粉，勤于梳刷即可代替水洗。也可去专业的美容院买宠物专用的干洗粉进行清洗。还可以用温热潮湿的毛巾擦拭其被毛及四肢。擦拭的顺序依次是：脚垫、四肢、肛门(肛门是犬比较敏感的部位，擦拭时一定要小心。水温不能过热，过热会烫伤肛门黏膜，但也不能过凉，过凉也会刺激肛门，使犬感觉特别不舒服，并且会使犬产生恐惧和害怕的感觉，以至于以后都不愿意接受你为它擦拭)、尾部、背部、头部，擦拭时注意不要碰到眼睛。最后是下颌和胸部。擦拭过后应马上用干毛巾再擦拭一遍，顺序与前面相同，然后再轻轻地撒上一层爽身粉，最后用梳子轻轻地梳理 10～20 min，这样就可以了(图 3-1)。

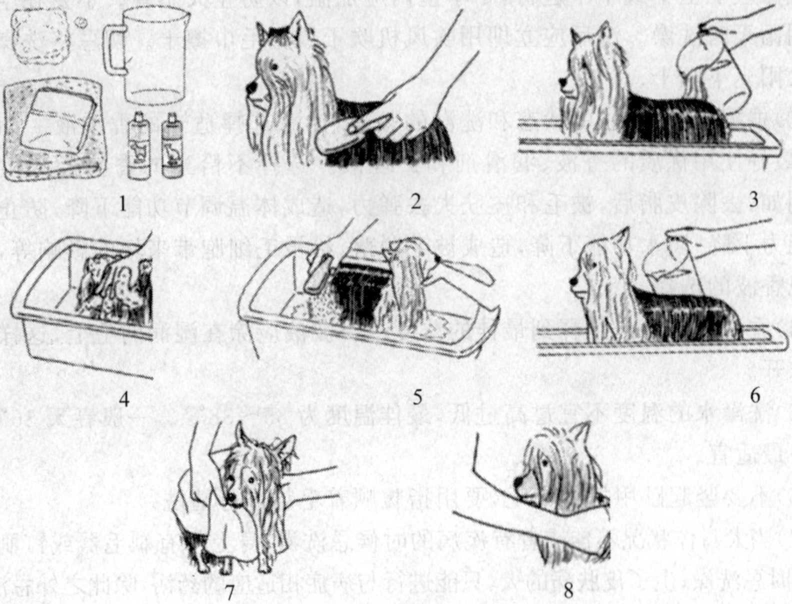

图 3-1 犬的洗澡方法

1. 洗澡用具 2. 洗前梳毛 3. 用杯子在皮毛上倒温水 4. 打浴液及揉搓 5. 用清水冲洗浴液 6. 顺着毛势倒水以理顺皮毛 7. 用毛巾擦干 8. 用吹风机吹干

(引自：马金成主编. 爱犬养护与训练大全. 辽宁科学技术出版社出版)

一般仔犬都怕洗澡，尤其是沙皮仔犬更怕水，即使是地上的一个小水坑它也会避开，因此要做好仔犬第一次洗澡的训练工作。用一个大的水盆，装满温水，水温在 37～38℃。水位以将犬头露出的位置为好，不宜过高，过高很容易使仔犬呛到水，也不宜过低，水位过低仔犬会感到寒冷，并且也会非常难洗。只有水位正好到下颌的位置才会使仔犬感觉舒服和温暖，以后也就愿意洗澡了。另外，还应防止仔犬眼睛和耳朵进水。

7. 洗澡的注意事项

(1)洗澡前一定要先梳理被毛，这样既可使缠结在一起的毛梳开，防止被毛缠结更加严重，也可把大块的污垢除去，便于清洗。嘴巴周围、耳后、腋下、股内侧和趾尖等处是犬最不愿让人梳理的部位，更要梳理干净。梳理时，为了减少和避免犬的疼痛感，可用一只手握住毛根部，另一只手梳理。

(2)由于洗澡后可除去被毛上不少的油脂，这就降低了犬的御寒力和皮肤的抵抗力，一冷一热也容易发生感冒，甚至导致肺炎。所以洗澡时要注意室内外温度，给犬洗澡应在上午或中午进行，冬季室内应加温，以防止犬感冒。不要在空气湿度大或阴雨天时洗澡。洗后应立即用吹风机吹干或用毛巾擦干。切忌将洗澡后的犬放在太阳光下晒干。

(3)根据被毛、皮肤的状态和洗澡的频率，注意选择适当的香波液。如果洗澡频繁，最好使用优质的香波、润滑剂和护理液。选择不恰当的香波会产生一些弊端。例如，去除皮脂后，被毛和皮肤失去弹力，造成体温调节功能下降，防止皮肤干燥的能力下降，防水功能下降，造成被毛脱落，给被毛细胞带来坏的影响等，所以必须重视香波的选择。

(4)香波液要事先稀释到最佳的浓度。香波液应涂在湿润的毛上，这样才能方便涂抹开。

(5)洗澡水的温度不宜过高过低，最佳温度为 35～38℃。一般春天 36℃，冬天 37℃为最适宜。

(6)不要竖起趾甲搓揉犬毛，要用指腹顺着毛势进行清洗。

(7)当犬身体状况不佳或者有疾病的时候忌洗澡；身上带有剃毛器或钉刷等造成的伤口时忌洗澡；生了皮肤病的犬，只能进行与病症相适应的药浴，除此之外忌洗澡。

(8)洗澡时一定要防止香波流到犬眼睛或耳朵里。冲水时要彻底，不要使肥皂沫或浴液滞留在犬身上，以防刺激皮肤而引起皮肤炎。

8. 护理

洗澡的主要目的是为了去除皮肤和被毛上的污垢。为使由皮脂变化而来的污垢脱落，要求香波必须具有超强的洗净力，因此必然含有强碱性。一般碱的含量与洗净力是成正比的,去污能力强的香波必然碱含量也高。不管是人还是犬,如果皮肤和被毛在碱性状态,将会产生蛋白质被破坏、细菌迅速繁殖的负面效应。因此应该在洗澡后使用润滑剂中和偏向碱性的皮肤和被毛,使其恢复到弱酸性。大多数的润滑剂都是以各种油为原料加工而制成的,目的在于对香波所引起的皮肤与被毛的脱脂状态进行人工补充油脂,起到保护作用。

(1)护理的目的　中和由香波所引起的被毛碱性状态;对于由香波所引起的过度脱脂状况补充营养,加以保护;增强柔软性、防止被毛干燥,使色泽更加艳丽;具有防止静电的效果;使刷子、梳子能够顺畅地通过,方便修剪操作。

(2)护理的具体方法　将洗浴香波冲洗干净后,顺着毛势将水分挤干。润滑剂的使用方法,首先应该严格按照使用说明书上的稀释比例进行稀释。实际应用的润滑剂浓度,可根据犬种和被毛的状态进行适量的增减。将润滑剂均匀地涂抹到犬全身,从头部通过背线直到尾巴。注意,不提倡把润滑剂的原液先涂到被毛上,再掺水的马虎做法。为了使被毛不打结,用手掌做按压状使香波充分渗入毛里。要用润滑剂充分浸透胸前的装饰毛等容易起球的地方。若想要巩固润滑液的效果,需把犬的身体浸到已经被稀释成低浓度的润滑液中,保持2～3 min。把尾巴的被毛放置到手掌上,用润滑液将其充分浸透。最后用喷头把润滑液冲洗干净。如果过分洗净的话,会影响到润滑液的效果,所以应根据毛质进行适量调节。若是长毛犬,则用手夹住毛粗略地绞干水分。也可对犬的耳朵吹气,令其浑身打战,以达到清除水分的目的。用浴巾把犬包裹起来,隔着毛巾把水分挤干。然后再隔着毛巾抓起四肢,这样干得比较快。

(3)润滑剂的种类

酸性润滑剂　以中和被毛为目的,也有人把食醋稀释后使用。如果过度(过浓)使用润滑剂,毛会变软,这将不利于修剪的进行,有时也会发生被毛褪色的现象。

油性润滑剂、乳液润滑剂　在绵羊油和橄榄油等油性物质中加入表面活性剂,由于易溶于水,能够赋予被毛柔软性和光泽。绵羊油系列的润滑剂多用于把被毛烫成波浪形的场合。使用时要注意,油性润滑剂是没有中和作用的。

染色润滑剂　加入染料,以染毛为目的的润滑剂。

如果说要考虑到维持健康皮肤、被毛的话,润滑剂的选择应该说比香波的选择更为重要。有一个时期曾经流行过因不喜欢柔软的被毛而对特定犬种无须进行护理的说法。如果高频率地为犬洗澡,那么对于皮肤和被毛的人工护理就变得更加重要了。即使是同一犬种,使用同一种润滑剂,其被毛的状态也可能产生不同效果。使用润滑剂的浓度、冲洗的时间、干燥的方法等在许多案例中都有误区,对于如此多的犬种来说,会有很多的被毛状态,所以选择好合适的润滑剂是很非常重要的。

二、吹干技术

洗澡、护理之后紧接着的就是吹干作业。看似简单,实际操作却是最富有技术性的。换而言之,技术的好坏将直接影响到整套程序的结果。吹干作业是以宠物美容为前提的,字面意义上的吹干不是其主要目的。被毛的主要成分是蛋白质,如果富含水分,皮质组织的结聚力就会变弱,除去水分后,又会再次牢固地结合起来。皮质组织从洗澡时富含水分而变柔软一直到因为吹风机的热量而失去水分,皮质总是呈直线状地延伸,所谓的吹干其实是一个把犬的被毛按照自己意愿的形状重新造型的过程。

根据犬种不同、修剪目的不同,吹干的手法也大相径庭。当然,以一身直毛为目的而被放入烘干箱的犬类又另当别论。经过正确的吹干操作,再加以梳理造型。这个环节可以影响到整个清洁修剪过程。如果只针对被毛状态而言,吹干作业的结束也就意味着整个美容造型工作的结束。

吹干的方法:使用手握式吹风机、悬挂式吹风机或直立式吹风机等,一边梳理一边进行吹干是最一般的手法。根据犬种的不同,也有的犬会被放置到烘干机中进行吹干。对于毛量多的犬来说,一定要尽快把毛吹干,要不然被毛干了后就会呈卷曲状。所以在吹干操作前,先用浴巾吸去大部分水分。把浴巾盖在犬的身上直至实施吹干操作。

根据犬种、被毛质量、美容目的等的不同,清洗、护理、吹干这一连串的步骤都略有不同。有些犬种(如马尔济斯犬、日本狆、西施犬、约克夏㹴等)需要顺着毛势进行吹干;有些犬种(如贵宾犬、贝林顿㹴、卷毛比熊犬等)需要逆着毛势进行吹干。也有些犬种(如古代牧羊犬、波尔瑞猎犬、柯利牧羊犬、西德兰犬的下层被毛等)需要部分逆着毛势进行吹干。

吹干的注意事项:

(1)吹风机不可以过于靠近被毛,保持 20 cm 以上的距离比较好。

(2)吹干时要用梳子轻柔地进行梳理。

(3)要使被毛从根部开始完全干燥。

(4)不要让吹风机的风量过大,也不要让温度过高。

(5)不要对着长毛犬的同一部位吹太久,把吹风机一边慢慢移动一边吹干。不要把吹风机从正面朝着脸吹。

(6)如果是卷毛犬的话,若不对着同一个部分集中吹干,毛就会蜷缩起来。

实训作业

(1)洗澡前的准备工作有哪些?工作的具体内容是什么?

(2)如何选择香波？

(3)洗澡应注意哪些事项？

(4)护理的主要目的是什么？

(5)润滑剂有哪些种类？

(6)吹干应注意哪些事项？

项目四 毛发的刷理与梳理技术

实训目标

了解宠物毛发的刷理和梳理的必要性，掌握宠物毛发的刷理和梳理的工具的使用及刷理和梳理技术。

实训材料

金属刷、钢毛刷、圆滑刷、金属制粗齿梳与细齿梳、整毛用的手套、圆头或剪子、爪剪、犁状剪刀、刮毛刷（刀状梳子）、刮毛刀（刀状的安全剃刀）、吹风机。

实训方法和步骤

1. 刷理与梳理前的准备工作

在给犬梳理与梳理前，要先检查它们的眼睛、耳朵、口腔、生殖道外口、肛门和爪子。

2. 刷理与梳理的顺序

刷理与梳理被毛的顺序应由颈部开始，自前向后，由上而下依次进行，即先从颈部到肩部，然后依次背、胸、腰、腹、后躯，再梳头部，最后是四肢和尾部，梳完一侧再梳另一侧。

3. 刷理

用钢针刷进行刷理，按着被毛排列和生长的顺序，由头到尾，从上到下进行梳刷，从颈部到肩部，然后刷拭四肢和尾部。刷拭时，用刷子先顺着毛势刷掉表层污物，再用根刷来回摩擦，将毛层刷开以除去污物。对细茸毛（底毛）缠结较严重的犬，应以梳子或钢丝刷子顺着毛生长方向，从毛尖开始梳理，再梳到毛根部，一点一点地进行，不能用力梳拉，以免引起疼痛和被毛拔掉。刷理时，如果毛纠结得很紧，那就先用手指把毛解开后再用刷子刷。

4. 梳理

刷理工作后，再用梳子梳理被毛。把梳子按粗齿到细齿的顺序逐个使用。使用时，梳子要同被毛保持 90°直角。眼睛下方和口吻部分等被毛容易被污染的地方如果产生纠结，用梳子仔细梳通纠结处。如果“擀毡”严重，可用剪刀顺着毛干的方向将毡毛剪开，然后再梳理，如果仍然梳不开，可将“擀毡”部分剪掉，待新毛逐渐长出。

5. 清洗

梳毕，用两块清洁的布浸上清水，一块擦拭口、眼、鼻、耳等部，另一块擦拭肛门、阴门、趾间。梳刷下来的乱毛，要及时清除干净，可以掩埋或烧掉，以免随风飘散而影响卫生。

实训结果考核标准

实训结果考核表

考核项目	要求	评分标准	权重
宠物毛发刷理和梳理的相关知识	掌握宠物洗澡技术和吹干技术的相关知识	准确口述宠物洗澡技术和吹干技术相关知识得90%分值者优；基本正确得80%～90%分值者良；在教师指导下完成得60%～70%分值者合格；无法完成者不合格	0.2
宠物毛发刷理和梳理工具的使用	掌握宠物刷理和梳理工具的使用技术	宠物毛发的刷理和梳理工具的使用，口述正确、操作规范得90%分值者优；口述正确、操作基本规范得80%～90%分值者良；口述基本正确，在教师的指导下完成操作，得60%～70%分值者合格；在教师的指导下无法完成者不合格	0.4
宠物毛发刷理和梳理方法	掌握宠物毛发梳理和刷理的方法	按实训要求做好宠物毛发的刷理和梳理的准备，宠物毛发的刷理和梳理的过程各环节技术要点和术后护理得50分。口述正确、操作规范得90%分值者优；口述正确、操作基本规范得80%～90%分值者良；口述基本正确，在教师的指导下完成操作，得60%～70%分值者合格；在教师的指导下无法完成者不合格	0.4

实训资料单

1. 刷理与梳理的必要性

对于梳理而言，刷理是不可缺少的基本工作之一。刷理是指用刷子为犬刷理被毛，这可以刷去犬身上的死毛及毛结，令被毛柔顺、整洁、富有光泽。刷理完成后，还要用梳子梳理被毛，因为经过刷理之后还会有小结球，所以必须用梳子做彻底的梳理。梳理是宠物美容的重要内容，美容梳理后的犬，会变得更加漂亮，给人们的日常生活增添乐趣。梳理不仅是对犬形象的修饰，同时还有按摩皮肤、增加血液循环、使犬不生皮肤病的功效。

由于室内饲养的犬，一年四季都有毛生长和脱落，尤其在春秋两季要换毛，此时会有大量的被毛脱落，脱落的被毛不但影响犬的美观，而且被犬舔食后在胃肠内形成毛球，影响犬的消化。此外，脱落的被毛常常附着在室内各种物体或人身上，引起家人对犬的反感和不满。刷理与梳理不但可以除去脱落的被毛、污垢、灰尘，防止被毛缠结成毡状，使犬的被毛清洁美观，而且还可以按摩皮肤，促进血液循环，增强皮肤抵抗力，解除疲劳，并能防止皮肤病或寄生虫病的发生。由此可见，经常给犬的进行刷理和梳理是十分必要的。

2. 刷理与梳理前的准备工作

(1)刷理与梳理前的检查　在给犬梳理与梳理前，要先检查它们的眼睛、耳朵、口腔、生殖道外口、肛门和爪子。长毛犬容易发生鼻泪管堵塞，此时它们的内眼角下面的被毛会变湿、变黄或变黑，可用棉花蘸着盐水擦洗一下，如果反复发生，要请兽医治疗。健康犬的耳朵内侧干净无臭味，如果外耳脏，可用棉签蘸些滴耳液或植物油清除掉。如果犬经常用爪子抓搔耳朵，可能是耳内分泌物太多或病菌感染引起。若耳内分泌物过多，可向耳内滴入滴耳液或植物油，泡软后用棉签清除；耳内感染必须请兽医治疗。检查口腔，主要看看牙齿上有无牙垢或异物，如果有，应该把它们除去。老年犬易生牙垢，每年至少去一次。检查生殖道外口和肛门周围，如果有长毛或污物时，需剪除和冲洗掉。犬主人应经常检查它们的爪子，并用特制的爪子钳进行修剪。若长期不修剪，爪子能长入肉垫内，引起发炎化脓。爪子上部粉红色部分是肉和血管，绝对不能剪粉红部分，否则会引起出血和疼痛。爪子的白尖部分是能剪掉的角质部分。

(2)刷理与梳理工具的选择和正确使用　由于犬的品种不同，其被毛的类型也不尽相同(如毛的质地有硬有软，毛的长度有长有短，毛的形状有直有卷)，对被毛的刷理与梳理所使用的工具也存在着差异。

成套的梳理器具有金属刷、钢毛刷、圆滑刷、金属制粗齿梳与细齿梳、整毛用的手套、圆头或剪子、爪剪、犁状剪刀、刮毛刷(刀状梳子)、刮毛刀(刀状的安全剃刀)、吹风机等。刷子的种类很多，有长有短，有软有硬，有尼龙刷、金属刷、鬃刷等。尼龙刷用来刷灰尘，金属刷用来刷皮屑。鬃毛刷分为马鬃毛刷(啡色)及猪鬃毛刷(黑色）两种，前者适用于摩天仙、约克夏等中软毛品种的犬，后者则适用软毛犬如西施犬、北京犬种使用。此外，还有油刷，是给某些小型犬或长毛犬抹油用的。梳子根据齿的疏密程度有稀齿、密齿和稀密适中 3 种类型。稀齿梳用于梳理长毛品种的犬。密齿梳用于捉拿跳蚤、扁虱或润饰，稀密适中的梳子用于梳理粗毛的犬品种。

当选择好正确的梳子后，就要采用正确的拿握姿势，因为拿梳子的手法不恰当，就不能完全做好梳理、刷理的工作，还可能因施力过度而弄痛犬只（图 3-2）。

使用死毛刷的姿势　　使用美容梳的资势

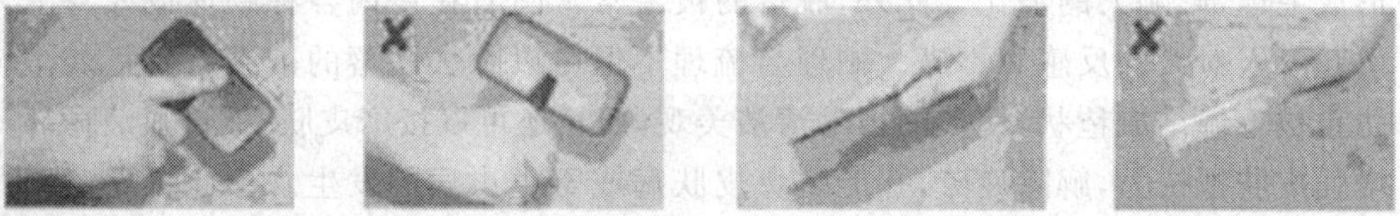

图 3-2　工具的正确使用

3. 犬被毛的类型

犬的被毛主要有 5 种类型：长毛、短毛、丝状毛、卷曲毛和硬毛。此外，还有其他珍奇的毛型，如墨西哥无毛犬，即全身几乎没有毛的犬种；匈牙利波利犬的密毛揪成一团的犬种。被毛长到一定的长度后就不再生长，待换新毛后脱毛。每种类型被毛的梳理原则基本相同，但各有其特殊的梳理方法。

犬每年春秋季各换一次毛，每次换毛需 4～6 周，新毛在 3～4 个月长好，但有的犬终生不换毛。犬在换毛时，每天应梳理 2 次，如果尘埃多，还需洗澡。长毛犬一年四季都会掉毛，家养犬，尤其是短毛犬的换毛，可能还与室内温度、人工光照及饮食有关。

4. 刷理与梳理的顺序

刷理与梳理被毛的顺序应由颈部开始，自前向后，由上而下依次进行，即先从颈部到肩部，然后依次背、胸、腰、腹、后躯，再梳头部，最后是四肢和尾部，梳完一侧再梳另一侧。梳理各种被毛的顺序为：

（1）用稀齿梳子先梳开被毛和毛丛。

（2）用密齿梳子梳理稀疏毛、尾毛和耳后毛。

（3）用刷子顺毛势刷毛。

（4）用剪毛剪或钝头剪把眼睛、公母生殖器孔以及肛门周围的长毛剪整齐，把耳内和趾间毛剪掉。

(5)如果必须用剪刀或削毛剪刀,削剪薄被毛。

(6)水洗或干洗犬被毛;然后再次梳理,有必要可涂发蜡或发油。

5. 刷理与梳理的方法

犬毛打结与人类的毛发不同,并不是从毛尖变硬,而是从毛根发生的。从外观看来,根本无法看到内部的情形,一般不会注意到梳理不足的盲点。因而需要按照正确方法,利用适当工具来进行定期刷毛,不然会造成打结或形成毛球,而使刷毛效果减退。首先,用钢针刷进行刷理,按着被毛排列和生长的顺序,由头到尾,从上到下进行梳刷,从颈部到肩部,然后刷拭四肢和尾部。刷完一侧再刷另一侧,刷拭时,用刷子先顺着毛势刷掉表层污物,再用根刷来回摩擦,将毛层刷开以除去污物。对细茸毛(底毛)缠结较严重的犬,应以梳子或钢丝刷子顺着毛生长方向,从毛尖开始梳理,再梳到毛根部,一点一点地进行,不能用力梳拉,以免引起疼痛和被毛拔掉。刷理时,如果毛纠结得很紧,就先用手指把毛解开后再用刷子刷。四肢的根部和中足等部位,皮肤薄而且松弛,刷理时要细心,注意不要伤到皮肤。此外,要一刷接一刷,遍及全身,不能有疏漏。刷理工作结束后,再用梳子梳理被毛。把梳子按粗齿到细齿的顺序逐个使用。使用时,梳子要同被毛保持 90°直角。眼睛下方和口吻部分等被毛容易被污染的地方如果产生纠结,用梳子仔细梳通纠结处。如果"擀毡"严重,可用剪刀顺着毛干的方向将毡毛剪开,然后再梳理,如果仍然梳不开,可将"擀毡"部分剪掉,待新毛逐渐长出。梳毕,用两块清洁的布浸上清水,一块擦拭口、眼、鼻、耳等部,另一块擦拭肛门、阴门、趾间。用后洗净、晒干、保存备用。最好每只犬都有固定的一套梳理用具。喂犬时不应该进行梳刷,梳刷下来的乱毛要及时清除干净,可以掩埋或烧掉,以免随风飘散而影响卫生。梳理工作要保持清洁,并要定期消毒。犬在刷理与梳理刚开始时可能不听指挥,应边梳边安抚,梳过几次后,便习惯了。根据犬的生理特点,一般要求早、晚各梳毛一次,或养成每天梳毛 5 min 的习惯。

6. 各种类型被毛犬种的刷理与梳理(图 3-3)

(1)长毛犬的刷理与梳理　长毛犬,国外的如凯里郡拾獚和设得兰牧羊犬,国内的如北京犬,都有一身浓密的起保护身体作用的长毛。如果不经常梳理,毛发很容易打结,而且皮毛也不会干净顺滑。有些人在给长毛犬梳毛时,只梳表面的长毛而忽略下面底毛(细茸毛)的梳理。梳理长毛犬时应一层一层地进行,即把长毛翻起,对其底毛进行梳理。在日常的梳理中,不能只用毛刷,因为毛刷只能使长毛的末端蓬松,却梳不到底毛(细茸毛),应将毛刷、弹性钢丝刷和长而疏的金属梳相配

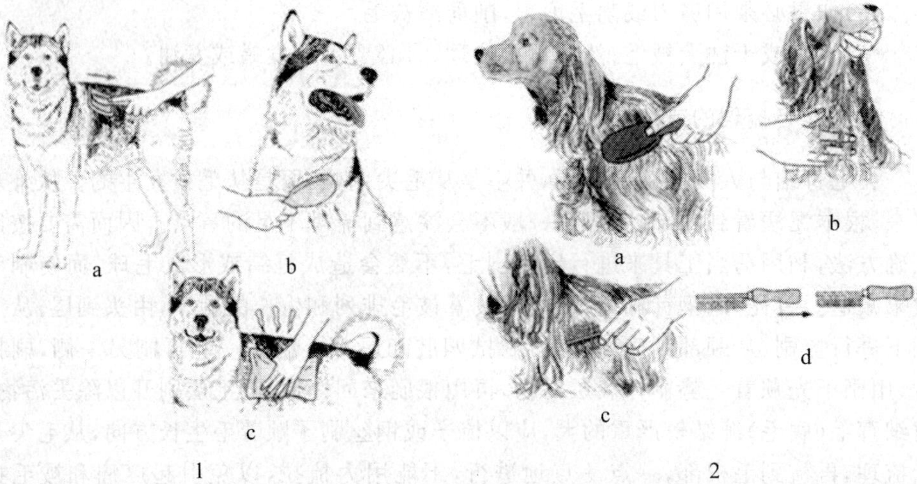

图 3-3　犬的梳毛方法

1. 短毛品种的梳理方法：a. 用钉刷刷下死毛和脏物；b. 用毛刷刷掉死毛和皮毛中的脏物及碎渣；c. 用手套或鹿皮刷打磨皮毛使之富有光泽。2. 长毛品种的梳理方法：a. 用钢丝刷顺着毛流的方向梳理；b. 用手指将缠结的毛理顺开；c. 先用稀齿梳，后用密齿梳梳理皮毛；d. 梳子，左为稀齿梳，右为密齿梳。

（引自：马金成主编. 爱犬养护与训练大全. 辽宁科学技术出版社出版. 96 页）

合使用。具体方法如下：

先用平滑刷轻轻地刷开毛发上的发结和发团，刷的时候动作要轻柔。

用圆头针状刷将犬全身刷一遍，动作要轻柔，以免将其毛发拔掉。刷完后，犬全身的皮毛应该没有任何缠在一起的发结。长毛犬腿下浓密的毛发很容易打结，而且这里的皮肤也比较敏感，因此梳理时应特别注意这个部位。

用宽幅的梳子将犬全身的毛发梳一遍，将一些小发结梳开。然后用细梳子再梳一次（建议使用细密的梳子）。注意不要用短毛刷来梳理。

用剪刀修剪犬脚周围的长毛。要经常修剪其脚趾前的长毛，这个部位很容易积留灰尘污垢，若不及时清理，可能会引起发炎，因此要经常修剪。

用一把锋利的剪刀修剪犬臀部（后腿之间的连接部位）的长发和绒毛（长而细的毛发），使该部位的毛发不容易打结和积留污垢。

(2)短毛犬的刷理与梳理　短毛犬，如拳师犬、惠比特犬、短毛种的腊肠犬、拉布拉多猎犬、柯基犬等。与长毛犬相比，短毛犬所需的梳理次数要少些。因为他们的皮脂再生周期长，每洗澡一次需要 6 周的时间才能恢复自然。但是有些短毛犬容易脱毛，而且还比较严重，为了避免这种情况，每日的梳理就十分重要。具体方法为：用平滑的刷子将短毛犬皮毛上纠缠住的毛结解开，并将毛发理顺（短而密的毛发容易打结)。用刷子从上至下用力刷犬的身体和尾巴。用毛刷刷掉犬被毛上的死发和灰尘,刷的时候要刷遍其全身,包括腿和尾巴。用梳子梳理犬腿部和尾巴上的绒毛,如果这些部位长有杂乱的毛发,应用剪刀将其修剪整齐。

(3)丝状毛犬的刷理与梳理　丝状毛犬,如阿富汗犬、玛尔济斯犬、约克夏㹴、拉萨犬等。此类型的被毛稍不注意梳理,就会变得混乱,甚至擀毡。因此,需经常刷理和梳理,相对其他犬种来说,需要多洗几次澡。

(4)卷曲毛犬的刷理与梳理　卷曲毛类的犬常年不换毛,被毛不断生长,需每6~8周修剪毛并洗澡一次。卷毛短毛犬,每2~3天需刷一次。有长绒毛的,应先梳后刷,若稍不注意容易形成小块擀毡。同时,耳道里脱落的绒毛和分泌的蜡质,能混合在一起形成塞子,堵塞耳道,需经常检查并剪除。卷曲毛幼犬多在14周龄左右开始梳理被毛。

(5)硬毛犬的刷理与梳理　此类型被毛需要有规律的梳理,避免擀毡。像西部高地白和迷你雪纳瑞犬等,都有一层硬硬的表层毛,可以用刮刷进行日常护理。刮刷分为梳针软而细的软型和梳针硬而挺的硬型两种。硬毛犬应选择硬型刮刷。选择时,应选择有弹力的且梳理硬毛时梳针不会歪斜的那种。每3~4个月修剪长毛毛尖一次,然后洗一次澡;每6~8周梳理一次被毛,并用剪刀剪去眼睛和耳周围被毛。幼犬4月龄时开始对其头部和尾部被毛进行第一次修剪。

(6)珍奇毛种的刷理与梳理　对某些珍奇毛种的品种必须特别注意,刷理和梳理前最好征求饲养者或兽医的意见。如,匈牙利波利犬的被毛全部扭成一圈圈的样子。如不出场展示时,则不需用梳子梳理。墨西哥无毛犬几乎全身无毛,但也须定期用刷子或梳子轻轻的梳理。

7. 刷理与梳理时的注意事项

(1)梳理时应使用专门的器具,不要用人用的梳子和刷子。铁梳子的用法是用手握住梳背,以手腕柔和摆动,横向梳理,粗目、中目、细目的梳子交替使用。刷子的齿目多,梳理时一手将毛提起,刷好后再刷另一部分。

(2)梳毛时动作应柔和细致,不能粗暴蛮干,否则犬会有疼痛感,尤其梳理敏感部位(如外生殖器)附近的被毛时要特别小心。

(3)犬的被毛沾污严重时,在梳毛的同时,应配合使用护发素(1 000倍稀释)或婴儿爽身粉。

(4)注意观察犬的皮肤,清洁的粉红色为良好,如果呈现红色或有湿疹,则有寄生虫、皮肤病、过敏等可能性,应及时治疗。

(5)发现虱、蚤、蜱等寄生虫(虫体或虫卵)寄生时,应及时用细的钢丝刷刷拭,或用杀虫药物治疗。

(6)在梳理被毛前,若能用热水浸湿的毛巾先擦拭犬的身体,被毛会更加亮。

实训作业

(1)刷理与梳理前的需要做哪些准备工作?

(2)如何选择和正确使用刷理与梳理工具?

(3)犬被毛有哪些类型?

(4)犬的刷理与梳理应该按什么顺序进行?

(5)刷理与梳理时的注意事项有哪些?

项目五　牙齿的清洁与护理技术

实训目标

了解牙齿清洁和护理的必要性和牙齿清洁的方法,掌握牙齿超声波清洁技术。

实训材料

超声波洁牙机 1 台,棉签 2 包,生理盐水 1 瓶,脖颈用软垫 1 个,眼药水 1 瓶,碘甘油 1 瓶,绷带 2 根。

实训方法和步骤

(1)将犬肌内注射全身麻醉药,待其完全麻醉后将其平放到美容台上,向眼内滴入眼药。

(2)将犬脖颈处用软垫垫起,使其头向下低(这样的做的目的是防止在洗牙时,水进入气管内造成犬窒息)。

(3)将 2 根绷带分别绑在犬的上颌和下颌,并拉动绷带,使其嘴巴完全张开,牙齿暴露在外,一手拿起洁牙机柄,将洁牙头对准牙齿,一手用棉签将吻部翻开使牙齿露出,进行清理。清理过程中如果有出血现象,属正常现象,及时撒上少量止血粉即可。清理完一侧后再清理另一侧。

(4)检查牙齿内侧是否有结石,如果有,也应该一同清理干净。

(5)在清理过的牙齿与牙龈处涂上少量碘甘油,其主要是起消炎作用。犬洗牙过后,应连吃 3～4 天消炎药(阿莫西林糖浆即可),并连续吃 3 天流食,以免食物过硬,损伤牙龈,造成再次感染。

实训结果考核标准

实训结果考核表

考核项目	要求	评分标准	权重
犬肌内注射全身麻醉	犬全身肌肉麻醉	犬全身肌肉麻醉操作熟练，清洁过程中麻醉良好，20分；犬全身肌肉麻醉操作熟练，清洁过程中麻醉清醒，15分；犬全身肌肉麻醉操作不熟练，清洁过程中麻醉清醒，10分以下	0.2
犬牙齿清洁的保定	犬牙齿清洁保定良好	犬牙齿清洁保定操作熟练，清洁过程中保定良好，30分；犬牙齿清洁保定操作较熟练，清洁过程中保定良好，20分；犬牙齿清洁保定操作不熟练，清洁过程中保定差，10分以下	0.3
牙齿的清洁	清洁干净	犬牙齿清洁操作熟练，清洁干净，50分；犬牙齿清洁操作较熟练，清洁较干净，40分；犬牙齿清洁保定操作不熟练，清洁过程中保定差，40分以下	0.5

实训资料单

1. 牙齿清洁和护理的必要性

犬同样也会有牙病，唾液中的钙化盐逐渐形成牙垢，在牙齿底部积聚，从而产生齿龈炎或牙齿脱落。老年犬或重病的犬如果经过抗生素治疗，牙齿可能变黄，另外，某些疾病可以导致牙齿脱钙。如果牙釉坚厚，牙瘘管及牙齿脓肿，会妨碍永久齿的生长和发育。

犬的牙齿每年至少应接受一次兽医的检查。而且每周应自己检查一次，看是否有发炎的症状。实际上超过75%的成年犬需要对牙齿进行清洁护理。通常，坏牙的第一个警告性标志是由于牙缝中的残留食物引起细菌滋生而导致口腔的恶臭。如果忽视对犬牙每周一次的护理和每年一次的兽医检查，那么对坏牙唯一的补救方法就只能是拔牙了。

犬一旦患牙周病，牙龈、牙齿周围的骨骼以及结缔组织都会受到影响，可能会造成牙齿脱落。犬牙齿的毛病通常最先出现牙斑，牙齿表面有柔软透明或乳白色的黏附物，如果不除去牙斑，唾液中的矿物质便会使牙斑转变成为牙石。在牙龈下方的牙石是细菌滋生的温床，细菌滋生引起发炎，引起发炎的细菌会侵入犬的血液里，造成肺、肾和肝脏等脏器出现病变。所以犬牙齿的清洁护理是十分重要的。

2. 牙齿清洁和护理的方法

经常刷牙，再加上定期到宠物医院洗牙才能使犬保持健康和光亮的牙齿。平常可以从兽医诊所里买到特制的口腔卫生软膏，直接将其与牙膏一起使用，或者与少量的食物混在一起使用。这项工作平均每周要做一次。牙齿的护理过程中，如果有牙石附着，会造成牙龈炎等后果。所以日常就要做好清洁、护理工作。为了不形成牙石，要尽早除去牙齿上的残留物。为了去除牙石，可以用成人牙刷蘸取碳酸钙粉末，每月在牙齿与牙龈之间来回刷 2～3 次，这样做效果比较显著。根据牙齿及牙龈的状态，有时也能用钳子等工具去除牙石。

幼犬换牙时，应仔细检查乳牙是否掉落，尚未掉落的乳牙会阻碍永久齿的正常生长，造成永久齿的歪斜，容易积聚食物残渣等现象。特别是小型犬常有乳齿不掉的问题。

干粮和饼干等含水量少的较硬的食物能够与牙齿产生摩擦，协助清除犬牙齿上的牙斑，另外，牛皮做的玩具以及市上所出售的一些造型粗糙的玩具也是良好的洁牙工具。但是也应该为犬习惯定期刷牙。犬断乳后被送到新主人处时，就可以开始要它习惯让主人检查和处理口腔。完整健康的牙齿对参赛犬更加重要，是评判必须检查的项目。

平时训练重要的一条是训练犬接受定期刷牙，开始时主人可用自己的手指轻轻地在犬牙龈部位来回摩擦，最初只摩擦外侧的部分，等到它们习惯这种动作时，再张开它们的嘴，摩擦内侧的牙齿和牙龈。当犬习惯了手指的摩擦时，可在手指上缠上纱布，然后摩擦它的牙齿和牙龈。刷牙应使用犬专用牙刷，这种专用牙刷由合成的软毛刷制成，刷面呈波浪形，能有效清洁牙齿的各个部位。刷牙时，牙刷成 45°角，在牙龈和牙齿交汇处用画小圈的方式一次刷几颗牙，最后以垂直方式刷净牙齿和牙齿间隙里的牙斑。重复上面的程序，直到颊内面的牙齿全部刷净为止。接着，继续刷口腔内面的牙齿和牙龈。大多犬起初会抵抗，不肯张嘴，但是经过耐心的训练，最后还是会适应的，以后每周应该刷 3 次以上，方能有效保持犬的口腔和牙齿卫生。给犬刷牙的方法见图 3-4。除了刷牙之外，还可利用超声波洁牙机清洗牙齿。

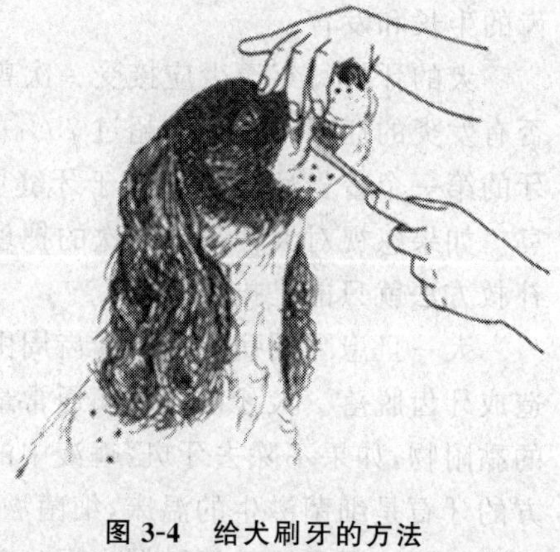

图 3-4　给犬刷牙的方法

（引自：马金成主编. 爱犬养护与训练大全. 辽宁科学技术出版社出版. 104 页）

实训作业

(1)牙齿的清洁和护理有何必要性?

(2)牙齿清洁和护理的方法有哪些?

项目六　耳朵的清洁保养技术

实训目标

了解犬耳朵清洁保养的目的和犬耳朵的组成,掌握正常犬耳朵的清洁技术和病理性犬耳朵的清洁技术。

实训材料

洗耳液、医用棉花、止血钳、消炎滴耳液、止血粉、消炎药粉、器械盘。

实训方法和步骤

1. 实训准备

(1)准备好洗耳液、医用棉花。先用手控制住犬的头部,用少许棉花缠在止血钳顶部制成棉棒,反复擦洗耳道内的污物。将一两滴洗耳液滴到棉棒上,最后用棉花滴少量洗耳液将耳郭周围清洗干净。

(2)从犬的后背部方向滴洗液,这在一定程度上能减少犬的恐慌。观察犬耳内是否有耳毛,如果有耳毛应先拔掉耳毛,再清洗。一般常见需拔耳毛的犬种有西施、雪纳瑞、比熊、约克夏、贵宾等。

(3)拔耳毛前要先在耳郭周围撒少量耳粉,这样可以起到消炎、止痛的作用,用手拔耳毛时一次不要拔太多,而且动作要轻柔;如果拔不到耳道内的毛,可配合使用止血钳。

2. 实训步骤

(1)犬正常耳道的清洁

拔除耳朵里的毛　使犬保持不动,用左手挟住犬的头部,利用左手大拇趾和食趾按压住耳朵周围,使耳道充分露出。把少量的耳粉撒入耳中,减少耳道的湿滑度。然后沿着毛的生长方向拔去所有用右手手指够得到的毛。再往深处的毛就要使用钳子、镊子等工具小心翼翼地钳住以后拔出。

擦去耳朵内的污物　根据耳道的大小,把适量的脱脂棉花缠绕在钳子上。确认脱脂棉花已经牢牢包裹在钳子的前端。开始清理耳朵的时候，要使犬保持静止不动。然后轻轻地擦去耳内污物。犬耳朵的清洁方法见图3-5。清理工作只在眼睛看得见的范围内进行，再往深处不要去碰触。清理时不要用力拽耳垂。

图 3-5　犬耳朵的清洁方法

(引自：马金成主编. 爱犬养护与训练大全. 辽宁科学技术出版社出版. 102 页)

(2)病理性耳道的清洁　病理性耳道的清洁是指犬患有耳螨、真菌感染、中耳炎、内耳炎及外耳炎时进行的清理，这时的清理为病理性清理。由于病理性耳道内分泌物较多，并伴有发炎、流血、红肿现象出现，在清理时应十分小心、谨慎，必要时可进行全身麻醉。具体方法为：将犬耳内侧的毛发全部修剪干净，毛发过长容易引起再次感染。将犬耳背外翻，使耳道充分暴露在明处。先在耳道内滴入 2 滴消炎滴耳液，然后盖上耳背，在耳根处轻轻按摩 3～5 min，然后翻转耳背，可见耳内有大量黑色分泌物，用止血钳夹住棉球将黑色分泌物全部擦洗干净，棉球可以捏小一些，并使棉球完全把止血钳尖部全部包住，以防止由于止血钳头过于尖，在清理时捅破耳道。掏干净后，向耳内滴1～2 滴消炎滴耳液，轻轻按摩其根部 3～5 min，打开耳背，用棉球将其耳内的液体擦干，撒上消炎药粉即可。

实训结果考核标准

实训结果考核表

考核项目	要求	评分标准	权重
犬耳朵的组成	掌握犬耳朵的组成	熟练掌握犬耳朵的组成，20 分；较熟练掌握犬耳朵的组成部分，15 分；犬耳朵的组成不熟练，10 分以下	0.2
正常犬耳朵的清洁	掌握正常犬耳朵的清洁	犬耳朵清洁操作熟练，清洁干净，30 分；犬耳朵清洁操作较熟练，清洁干净，20 分；犬耳朵操作不熟练，清洁差，10 分以下	0.3
病理性犬耳朵的清洁	掌握病理性犬耳朵的清洁	犬耳朵清洁操作熟练，清洁干净，50 分；犬耳朵清洁操作较熟练，清洁干净，40 分；犬耳朵操作不熟练，清洁差，30 分以下	0.5

实训资料单

犬耳朵的组成

犬耳朵由 3 部分组成：

外耳　外耳包括耳郭和外耳道。外耳是一个软管结构，由肌肉和皮肤覆盖，形成一个能动的耳郭，耳郭像一个雷达天线，瞄准声音发源地。耳郭通向耳道，耳道是很细的皮肤覆盖的软骨管，起初垂直，然后水平。耳道末端是很薄的鼓膜或耳鼓。外耳主要为中耳选择声音。犬的耳朵大小不一，形态多种多样，几乎各种犬都有自己独特的耳朵形态。

中耳　中耳包括鼓膜、鼓室和听觉管。中耳是一个共振腔，声音冲击耳鼓，引起它的振动，因此引起小骨片(锤骨、镫骨、砧骨)通过杠杆作用，在鼓膜腔振动。这个机制把声音传给内耳并扩大，同时还要抑制其严重的振动，因为小骨片仅有一个有限的运动范围。

内耳　内耳由听觉和平衡器管组成，这两个部分有不同的功能，耳蜗把声波变成神经信号，并通过听觉神经把信号传给大脑。平衡器管含有小茸毛，其能察觉头的位置，使身体产生平衡感。

实训作业

(1)试述犬耳朵的组成部分。

(2)试述正常犬耳朵的清洁过程。

(3)试述病理性犬耳朵的清洁过程。

项目七　趾甲的护理与修脚底毛技术

实训目标

了解犬趾甲护理与修犬脚底毛的必要性；掌握犬趾甲修剪的注意事项、犬趾甲护理与犬修脚底毛的方法步骤。

实训材料

10# 刀头、直剪、牙剪等。

实训方法和步骤

1. 趾甲的修剪方法

(1)使犬体保持稳定，托住足垫，用拇趾和食趾将足蹼展开，并牢牢地抓住爪子的根部剪下。这样剪趾甲时的振动就不会那么强烈。

(2)用犬专用趾甲钳把爪子的前端剪成直角。

(3)剪断切口上下的边角。

(4)为防止爪子钩到地板上,或是爪子被刮断等情况的发生,要用锉刀把剪过的趾甲各个棱角挫圆滑。用食趾和拇趾抓紧爪子的根部,以减小挫时的振动。让锉刀的侧面沿着抓住足垫的食趾方向运动,这样便于调整方向把趾甲挫圆。

2. 修脚底毛的方法

(1)用配装超薄刀片的剃刀,把脚底毛剃掉。

(2)当脚放下时,桌子上将留下一个底很淡的钵形图案,以此为修剪目标。修剪脚周围时,看着足底左右对称着剪比将其放在桌面上剪要剪得好。

(3)剪刀口要贴着足垫迅速剪下去。注意剪刀的刀口不要碰到足垫。

(4)将家犬的脚放下来,让其站正,将脚部的毛尖剪齐。

实训结果考核标准

实训结果考核表

考核项目	要求	评分标准	权重
犬趾甲的修剪	掌握犬趾甲的修剪	犬趾甲修剪操作熟练,方法正确,50分;犬趾甲修剪操作较熟练,40分;犬趾甲修剪操作不熟练,30分以下	0.5
犬脚底毛的修剪	掌握犬脚底毛的修剪	犬脚底毛修剪操作熟练,清洁干净,50分;犬脚底毛修剪操作较熟练,清洁干净,40分;犬脚底毛修剪操作不熟练,清洁差,30分以下	0.5

实训资料单

1. 趾甲护理的必要性

大型犬和中型犬(如狼犬)经常在粗糙的地面上运动,能自动磨平长出的趾甲。而小型的玩赏犬,如北京犬、西施犬和贵妇犬等,很少在粗糙的地面上跑动,磨损较少,而趾甲的生长又很快,过长的趾甲使犬有不舒适感,而且长期不修剪,趾甲还会长长、弯曲刺入肉垫,给犬的行动带来很大的不便。同时,趾甲长了还会破坏室内的木质家具、地毯和棉纺织品等。此外,犬的拇趾已退化,而在脚的内侧靠上方位置长有飞趾,俗称“狼爪”,它是纯属多余的无实际功能的退化物,能妨碍行走或割伤自己。因此,要定期给犬修剪趾甲。

2. 趾甲修剪的注意事项

犬的趾甲非常坚硬,应使用一种特制的犬猫专用的趾甲钳进行修剪,而不应用家庭内常用的趾甲钳进行修剪。用这种趾甲钳进行修剪,不但剪不断趾甲,而且还会将趾甲剪劈。这样既不美观,而且犬只也会感觉特别不舒服,所以应选用专业的趾甲钳进行修剪。对退化了的"狼爪",应在幼犬生后 2～3 周内请兽医进行切除,只需缝一针,即可免除后患。哺乳期仔犬的趾甲也要修剪,尤其是前脚的趾甲,以防止哺乳时抓伤母犬。

日常的趾甲修剪法,除使用专用趾甲钳外,最好在洗澡时待趾甲浸软后再剪,因为这时它的趾甲比平常要柔软。但应注意,犬的每一个趾爪的基部均有血管和神经。因此,修剪时不能剪得太多太深,如犬趾甲为白色,即可看到在趾甲内有红色血样东西,这便是趾甲内的血管和神经,千万不能剪到。一旦剪到便会流血不止,犬会非常疼痛。应在靠近红色肉垫的边缘,略长于红色肉垫 3～4 mm 处进行修剪,这样剪起来会非常安全,不会剪到血管。另外,如犬的趾甲为黑色,在给犬修剪趾甲时应试探着剪,剪到看见趾甲断面有些潮湿时即可,剪过后再用平锉进行平整的修复,防止造成损伤。在剪趾甲的同时,身边还应准备一瓶止血粉,以便在一旦将犬趾甲剪流血时马上止住流血,这样就减少了很多不必要的麻烦。如修剪后发现犬的行动异常,要仔细检查趾部,检查有无出血和破损,若有破损可涂擦碘酒。除修剪趾甲外,还要检查脚枕有无外伤。另外,对趾甲和脚枕附近的毛,应经常剪短以防滑倒。趾甲修剪的位置和方法见图 3-6。

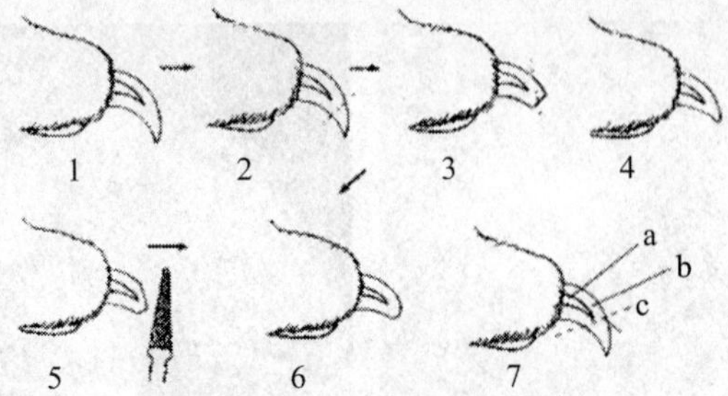

图 3-6 犬趾甲修剪的位置和方法

1. 正常的趾甲 2. 趾甲过长 3. 斜上切 4. 斜上切 5. 用趾甲锉刀磨平 6. 磨平后的趾甲 7. 修剪位置 a. 含有血管和神经的肉质部 b. 趾甲 c. 预切线

(引自:马金成主编. 爱犬养护与训练大全. 辽宁科学技术出版社出版. 105 页)

3. 修脚底毛的必要性

犬类的脚掌上也会长毛，如果放任宠物犬不加以照顾的话，毛可能会一直长到盖过脚面。作为室内饲养的小型犬，由于脚掌间毛的原因，走在地板上时容易滑倒，于是犬自身会对走路更加小心，而它敏捷轻快的身影也就见不到了。在这种状态下，上下楼梯等场合，受伤的可能性也随之加大。脚掌间的毛容易在散步的时候被弄脏或弄湿，成为臭气和皮肤病的来源，并很可能诱发扁虱等寄生虫的生长。所以定期观察、修脚底毛，保持脚掌与地面紧密贴合是很重要的。

修脚底毛的位置：把四个小脚垫和大脚垫之间的毛剪干净，四个小脚垫之间的毛剪至与脚垫平行即可。脚垫周围的毛同样剪至与脚垫平行。

修脚底毛的方法：脚掌内的短毛适合用刀刃较短的短毛剪刀修剪。若要使用电动剃毛器通常应该先用 1 mm 的刀刃来修剪，见图 3-7。在修剪全身之前，要先剪去脚掌间的毛。如果不小心剪到了脚趾或面向外侧的毛，在外观上会妨碍腿部

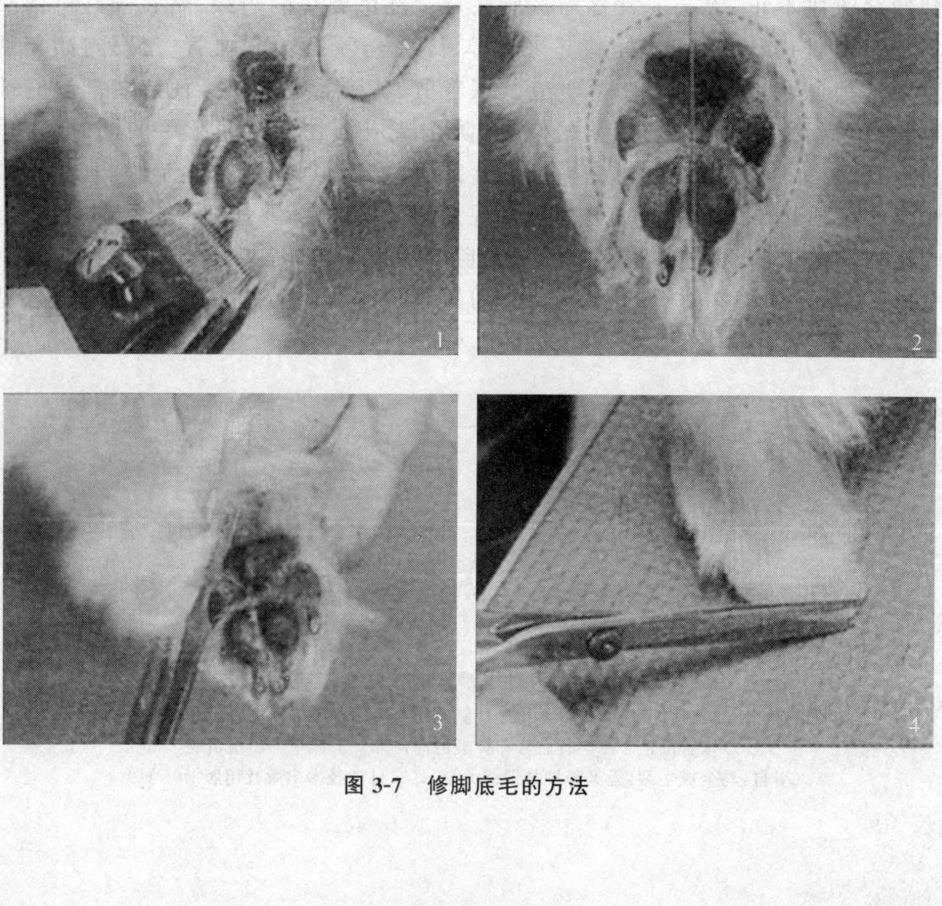

图 3-7 修脚底毛的方法

美观。这一点在修剪博美犬等犬类时要特别注意。应将其脚掌向上翻转,将足垫缝内的毛发全部修剪干净,使其黑色的脚肉垫充分暴露出来即可,另外,在给犬修脚底毛的同时,还应检查其趾甲是否长,如长也应将剪掉。太过紧张而把脚掌内部的毛也剪掉未必是件好事,这将会导致散步时,小石子等嵌入其中。所以应该在每次进行修剪工作的时候,都检查一下脚掌的毛,只剪去新长出来的部分。

实训作业

(1)为什么要对犬趾甲进行护理?

(2)犬趾甲修剪的注意事项有哪些?

(3)为什么要修犬脚底毛?

(4)犬趾甲护理的方法步骤有哪些?

(5)犬修脚底毛的方法步骤有哪些?

项目八 肛门的清洁技术

实训目标

了解肛门清洁的目的和意义,掌握肛门清洁的技术。

实训材料

直剪或电动剃毛器、橡胶手套、消炎软膏。

实训方法和步骤

1. 实训准备

(1)检查犬的肛门囊的健康状态。

(2)如果发现肛门囊炎,用拇趾、食趾挤压肛门囊,排除囊内容物,然后向囊内注入消炎软膏。必要时全身应用抗生素治疗感染,囊内可注入复方碘甘油,每天 3 次,连用 4~5 天。

如果当局部溃烂或形成瘘管时,应手术切除肛门囊。手术过程为:

(1)术前 24 h 要禁食,灌肠使直肠排空。

(2)俯卧保定:将尾固定于背部,肛门周围剃毛,消毒。

(3)全身浅麻醉,配合肛门周围浸润麻醉。

(4)持钝性探针插入囊底,纵向切开皮肤,彻底摘除肛门囊,除去溃烂面、脓汁、坏死组织和瘘管组织，注意不要损伤肛门括约肌。

(5)修整创口，压迫止血，撒上抗生素粉，结节缝合创口。术后肌内注射抗生素，局部涂抹消炎软膏。术后4天内喂流食，减少排便，防止犬坐下和啃咬患部，加强犬的运动。

2. 实训步骤

(1)先将肛门周围的毛用直剪剪干净　用一手掀起尾巴，保持犬静止不动，另一手用短毛剪刀或者电动剃毛器剪掉肛门周围的毛。

(2)排空肛门囊　带上橡胶手套，将食趾涂上润滑油，伸入直肠内，然后大拇趾和食趾向前运动并轻轻挤压肛门囊，待一侧排空后，再用同样的方法挤压另一侧肛门囊，见图3-8。在做这项工作时，最好能有人帮助固定犬。

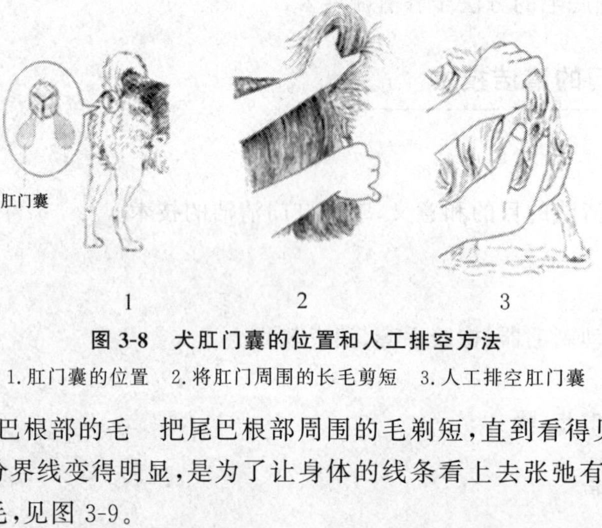

图3-8　犬肛门囊的位置和人工排空方法

1. 肛门囊的位置　2. 将肛门周围的长毛剪短　3. 人工排空肛门囊

(3)修剪尾巴根部的毛　把尾巴根部周围的毛剃短，直到看得见皮肤为止，使身体和尾巴的分界线变得明显，是为了让身体的线条看上去张弛有力。注意不要剪到尾巴上的毛，见图3-9。

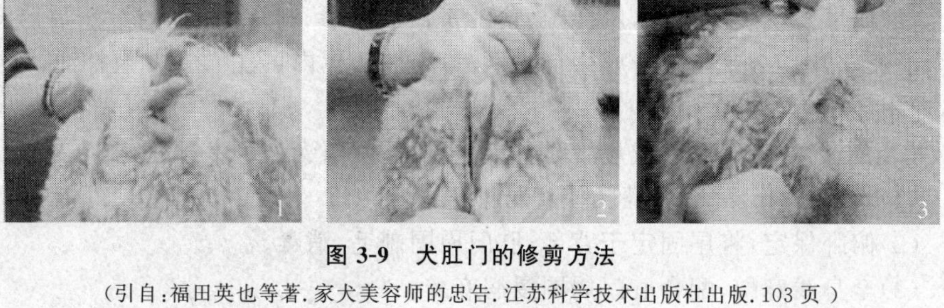

图3-9　犬肛门的修剪方法

（引自：福田英也等著.家犬美容师的忠告.江苏科学技术出版社出版.103页）

实训结果考核标准

实训结果考核表

考核项目	要求	评分标准	权重
肛门囊炎治疗	实训前检查，发现肛门囊炎进行治疗	犬肛门囊炎治疗操作熟练，方法正确，50分；犬肛门囊炎治疗操作较熟练，40分；犬肛门囊炎治疗操作不熟练，30分以下	0.5
肛门囊排空	肛门囊排空	犬肛门囊排空操作熟练，排空干净，50分；犬肛门囊排空操作较熟练，排空较干净，40分；犬肛门囊排空操作不熟练，排空差，30分以下	0.5

实训资料单

排便后的残留物和随之一起被排出的寄生虫卵很容易附着在肛门的周围，所以保持肛门清洁的工作十分重要。尤其是软便或腹泻的情况下，排便后就会有残留物附着在肛门周围。犬在蹲坐的时候，容易沾上垃圾、泥土等加重污染。用温开水和优质的肥皂或刺激性小的肥皂等为犬清洁肛门及周围部分，洗后立即用吹风机吹干。

犬的肛门囊有两个，是犬正常的解剖结构，分别位于肛门下方两侧的肛门内、外括约肌之间，呈球形，如果仔细观察，有时可能看到两条细管，在肛门皮腺处开口。里面的物质是囊壁上发达的脂腺所分泌出的产物。具有强烈黏度，性状从泥状到水状都有。这种分泌物可能有助于犬做记号，划定自己的疆界或吸引异性。通常认为排便的时候，囊内的分泌物会随之一起排出，假如分泌物一直不被排出，久而久之会被细菌感染，最后被充满了恶臭的脓水所代替。这也是引起肛门囊炎、肛门囊脓的原因，所以一定要慎重对待。如果肛门囊中的分泌物大量潴留，犬在行动时肛门部分就会蹭到地面。此外，还会发生会阴部受损、尾巴的活动出现异常等情况。如发现犬经常甩尾，舔咬肛门，排便困难，接近犬体可闻到腥臭味，检查肛门，发现肛门发红、肿胀、疼痛等现象，此时犬就有可能患上肛门囊炎，若炎症严重时，肛门囊会破溃，流出大量黄色脓汁，有时在肛门处形成瘘管。

形成肛门囊炎的原因有很多，可能与饲喂过高脂肪日粮或不适宜配料引发软便；动物肥胖，缺乏锻炼，使肛门括约肌张力减退；腺体分泌过多；绦虫节片或其他异物阻塞肛门囊开口或导管等因素有关。上述原因均可造成囊液潴留或囊内分泌物不能排出，引起囊内容物发酵。肛门囊炎常并有细菌感染。

实训作业

(1)为什么要进行犬肛门的清洁?

(2)犬肛门囊炎的病因有哪些,如何治疗?

(3)如何进行犬肛门的清洁?

项目九 剃腹毛技术

实训目标

了解剃腹毛的目的和意义,掌握剃腹毛的步骤。

实训材料

电剪、刀头。

实训方法和步骤

首先准备好电剪和刀头,把犬控制好,左手握住犬的前肢,向上抬,使犬站立起来,如果一只手抬不起来,可将美容台上的吊杆放低一些,把犬的前肢放在吊杆上。也可以抓住它的四肢,将犬放在美容台上,身体向前倾,轻轻压在犬身上,同时要跟犬说话安慰它,右手慢慢放开犬的后肢,抚摸犬的腹部,让犬放松。右手握住电剪,给犬剃腹毛。

在剃腹毛前要分清公、母犬,公犬剃到肚脐上面1寸的位置,而且要剃成尖的,在生殖器上留1寸左右的毛,作为引水线,以防止犬在排尿时弄得到处都是,此外,还可以保护犬的生殖器不被污物感染。睾丸两侧也要剃出一个刀头的宽度,但不可以将犬的生殖器剃得外露,后面的毛要留好,只有雪纳瑞等犬种的生殖器可以外露。母犬则剃到肚脐,只要有一点弧度就可以了,同样在生殖器两侧要剃出刀头的宽度,不同的是,母犬不用留引水线,剃光就可以了。

实训结果考核标准

实训结果考核表

考核项目	要求	评分标准	权重
公犬剃腹毛技术	腹部剃成“V”字形	剃至脐部上1寸,生殖器留引水线	0.6
母犬剃腹毛技术	腹部剃成“U”字形	剃至肚脐,呈“U”字形	0.4

实训资料单

1. 剃腹毛的目的

剃腹毛最直接的目的是为了在犬展中方便审查员检查犬的生殖器，确认犬的性别和犬是否健康（公犬是否是单睾丸）。平时主要是为了犬的健康和卫生。

2. 剃腹毛的注意事项

用电剪剃腹毛时，不要动作太碎、反复剃，这样容易使犬过敏，如果犬过敏，要给犬涂抹皮肤膏。如果让犬躺下来剃，要小心不要把其身体侧面剃得太多。

有些犬特别害怕剃毛，应采取正确的方法处理。首先，要建立良好的自信心，对自己的技术有足够的自信心。其次，要有熟练操作技巧和控制犬的技巧，找到犬害怕剃毛的症结是因为犬害怕而不配合还是其他原因。犬是聪明的动物只要让它知道剃毛是不会伤害到它就会比较配合，比如遇到害怕电剪的犬可以让它先看看闻闻剪子，再打开电剪放到犬身边让它熟悉震动，每一步的操作过程中都要用柔和的语气鼓励并安抚犬让它放松下来。最后，在练习的初期，可以找别人协助你控制犬，你要摸索出犬喜欢的姿势，等犬适应后才可进行独立的操作。剃毛要尽量快速准确，犬的耐心有限，很快就会烦躁，而且如果不慎使犬受伤，今后它就不会很配合。

实训作业

(1)剃腹毛的主要目的是什么？

(2)剃腹毛的注意事项有哪些？

第四章　常见犬的美容技术

项目十　博美犬的美容技术

博美犬(Pomeranian)又名波美拉尼亚犬,原产于德国,起源于19世纪。

整体特点:身体紧凑,背部短,活泼好动,爱吠叫。博美犬具有双层被毛、底毛柔软浓密的特点,底毛厚支撑起外层被毛。被毛长,质地较粗硬。

博美犬标准体重1～3 kg。常见颜色有红褐色、黄金色和灰黑色。

实训目标

博美犬底毛厚,容易发生打结,应在美容前彻底梳理通透。

根据博美犬的整体结构特点掌握博美犬的标准装修剪方法。

美容前的博美犬见图4-1。

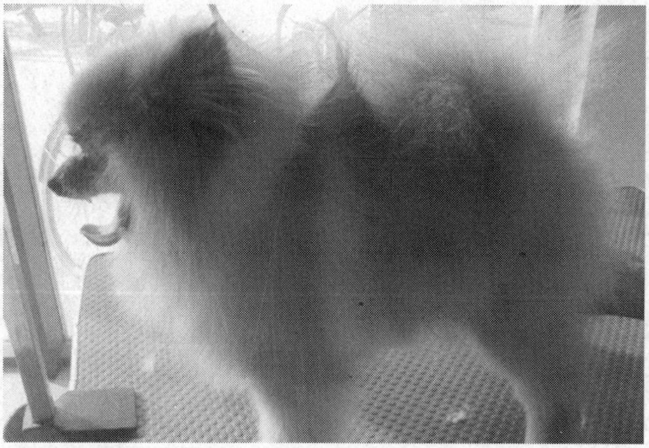

图4-1　美容前的博美犬

实训材料

电剪、10# 刀头、直剪、牙剪、美容梳。

实训方法和步骤

1. 实训准备

(1)用美容梳将犬的全身被毛彻底梳理通畅,梳通打结部位(图 4-2)。

图 4-2　疏通打结被毛

(2)选择适宜的浴液清洗全身被毛,清理肛门腺、眼睛及外耳道。

(3)用 10# 刀头电剪修剪脚底毛(图 4-3)。

图 4-3　修剪脚底毛

(4)用 10# 刀头电剪剃掉腹部被毛。

2. 实训步骤

(1)肛门周围的修剪：为避免粪便污染肛门周围被毛，应将肛门周围的被毛进行修剪。用直剪将靠近肛门附近的杂毛剪去(图 4-4)。

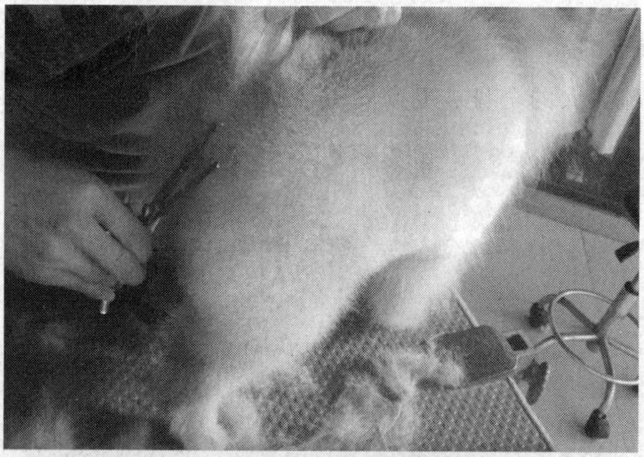

图 4-4　肛门附近的修剪

(2)臀部被毛的修剪：用美容梳将臀部全部被毛挑起，将臀部被毛修剪成圆形，注意根据体型选择修剪弧形的顶点位置。剪毛过程中要不时用美容梳挑起被毛，以保证修剪的长度一致(图 4-5)。

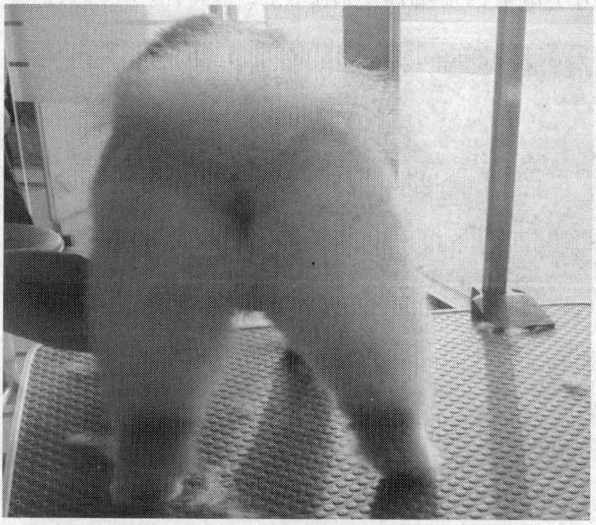

图 4-5　臀部被毛的修剪

(3)后肢的修剪:用牙剪将飞节上的长毛剪掉,将腿上的被毛修剪成圆柱形,后爪足缘修成椭圆形(图 4-6)。注意不可将腿毛修剪得过短以免使人感到腿细无力。

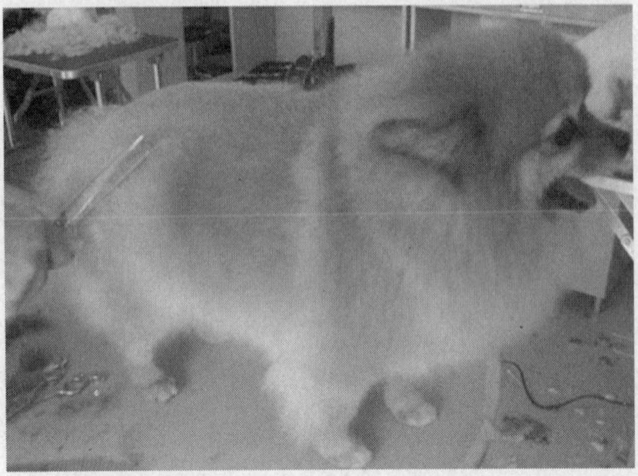

图 4-6　后肢的修剪

(4)腰部的修剪:逆毛梳起腰部被毛,从臀部到胸部之间修剪略微短一些,使腰部出现收腰的效果(图 4-7)。

图 4-7　腰部的修剪

(5)背部的修剪:博美犬颈背部被毛厚而浓密,应注意将整个背部修剪成圆弧形,头部至臀部略有倾斜,在修剪过程中应不停地拉起被毛,以保证修剪的浑圆(图 4-8)。

图 4-8 背部的修剪

(6)胸部的修剪:由背部向下修剪胸部两侧,切记胸部两侧应剪得浑圆饱满,与背部弧线连接流畅,胸部向腰部的弧线流畅(图 4-9)。

图 4-9 胸部的修剪

(7)前肢的修剪:与后爪一样足缘修成椭圆形。向下梳理前肢被毛,提起前肢至水平高度,剪刀倾斜向下,将由腕部至肘部的被毛修短,长度要与胸腹部长度一致(图 4-10)。

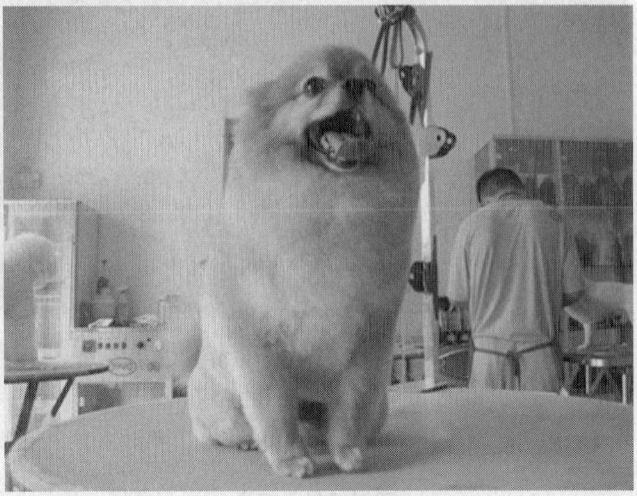

图 4-10 前肢的修剪

(8)耳部的修剪:将耳部饰毛梳起,捏起耳朵的上缘,三刀修剪耳尖成圆形(图 4-11)。梳起耳根部毛修成与头顶和两颊毛长度一致的圆形,使两耳尖略突出于头顶。

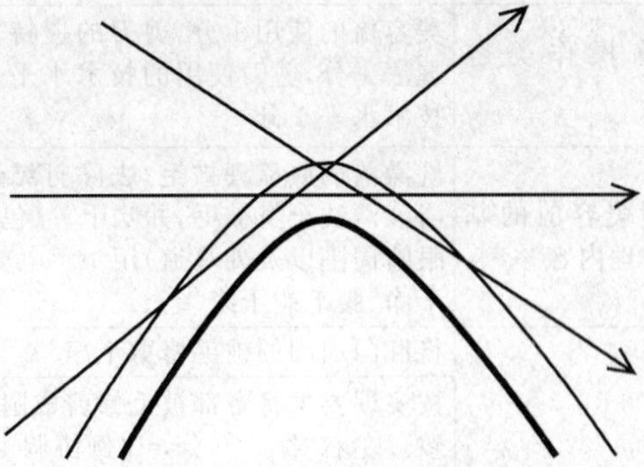

图 4-11 博美犬耳毛修剪示意图

(9)尾毛的修剪:用美容梳梳顺尾毛,将尾根长毛剪短约 1 cm,向背部拉起尾尖至顶骨处,剪除长处部分,用美容梳将尾巴向身体两侧做扇面梳开,修剪成扇形弧度,长度与身体宽度相等(图 4-12)。

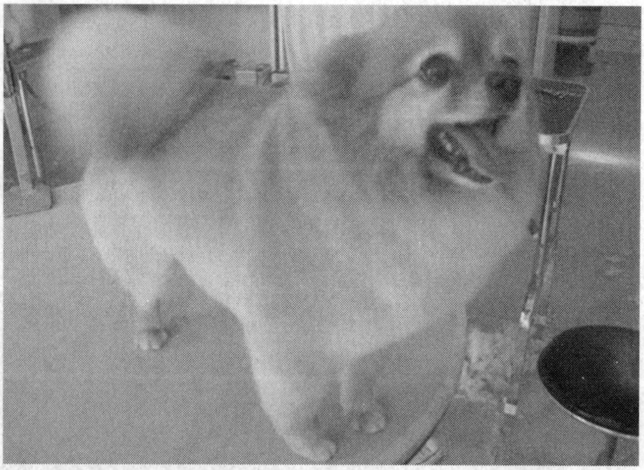

图 4-12　尾毛的修剪

实训结果考核标准

实训结果考核表

考核项目	要求	评分标准	权重
犬的控制及对犬的态度	掌握犬的正确控制方法和与犬的交流、配合	抱持犬的姿势 1 分，固定犬的姿势 2 分，操作姿势 2 分；对犬的态度：与犬的接触 1 分，与犬的交流 2 分，人与犬的配合 2 分	10
美容工具的使用	正确操作美容工具	美容梳的使用 1 分，剪刀的握持方法 1 分，电剪的握法 1 分，剪刀使用的技术水平 1 分，电剪使用的技术水平 1 分	5
基础护理	掌握美容前的基础护理内容	洗澡前彻底梳理被毛，去除打结部位，选择适宜的浴液清洗全身被毛，并吹干。（包括机肛门腺，清理眼睛周围以及外耳道）用 $10^{\#}$ 电剪刀头将脚底毛剃干净、腹毛剃干净	10
肛门修剪	符合美容标准	将肛门周围的被毛修剪干净	5
臀部被毛修剪		按实训要求将臀部被毛修剪成圆形，修剪的长度一致。左右对称 10 分，比例协调 10 分	15
前、后肢的修剪		前肢被毛修剪成圆柱形，后足缘修成椭圆形	10
背部修剪		整个背部修剪成圆弧形，头部至臀部略有倾斜	15
胸部修剪		胸部两侧浑圆饱满，与背部弧线连接流畅，胸部向腰部的弧线流畅	20
耳部的修剪		耳尖三刀修剪成圆形，两耳尖略突出于头顶	10
总分			100

实训作业

(1)博美犬前肢修剪的要点是什么?

(2)画图说明博美犬前胸的修剪要点。

(3)说明博美犬耳部三刀修剪法。

项目十一 北京犬的美容技术

北京犬(Pekingese)又名京巴犬,原产于中国。整体特点:北京犬结构匀称,紧凑,被毛浓密、纤长。北京犬扁鼻,两眼大而突出。北京犬警觉性高,除观赏外也可起家庭警报作用。京巴犬标准体重为 3～6 kg。

实训目标

了解北京犬的外形特点,并根据其特点掌握北京犬的修剪方法。

美容前的京巴犬见图 4-13。

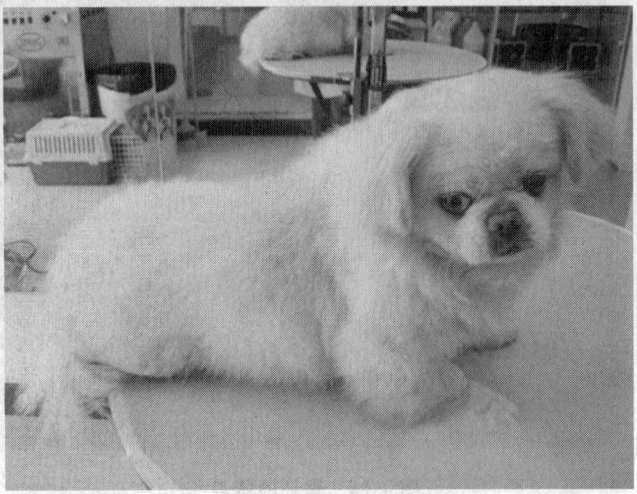

图 4-13 美容前的京巴犬

实训材料

电剪、$10^{\#}$刀头、直剪、牙剪、美容梳。

实训方法和步骤

1. 实训准备

(1)洗澡前彻底梳理被毛,去除打结部位,选择适宜的浴液清洗全身被毛,并吹干(包括机肛门腺,清理眼睛周围以及外耳道)。

(2)用 10# 电剪刀头将脚底毛剃干净。

(3)用 10# 电剪刀头将腹毛剃干净。公犬剃倒"V"形,母犬剃"U"形。

2. 实训步骤

(1)肛门周围的修剪:先将肛门附近的杂毛用直剪剪干净。

(2)臀部的修剪:用美容梳将臀部被毛梳起,从尾根至飞节将臀部修剪成半圆形弧线,弧线的顶点应处于臀部上 1/3 处,可以将臀部修剪为两半或修剪成整体(图 4-14)。

图 4-14 臀部的修剪

(3)后肢的修剪:由飞节处修剪至足部,形成连贯的弧线,长短要以适合体型的骨量为宜。后足缘修成圆形。

(4)腰部的修剪:用美容梳梳起身体两侧的被毛,根据需要长度修剪整齐。

下腹线最高点定在(公犬)生殖器前,腹线要收得流畅圆滑(图 4-15)。

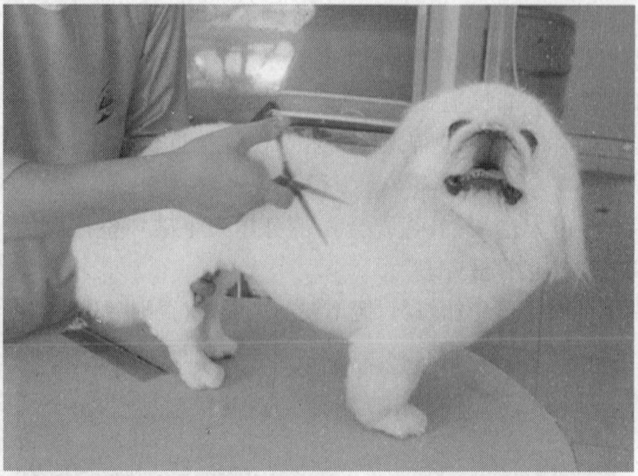

图 4-15 腰部的修剪

(5)北京犬的胸部应修剪的浑圆饱满。最高点定在胸骨的斜上方,胸骨下方的毛要剪得短一些,注意过渡衔接。

(6)将胸毛用美容梳梳起,从下颚至胸骨依次修剪,直至有圆滑隆起形状。

(7)拉起前肢,将胸底部的长毛向下梳整齐,用直剪做胸部与腹部的过渡修剪。

(8)前肢的修剪:北京犬的体形为长方形,四肢较短,所以在修剪前肢时应注意比例(图 4-16)。

图 4-16 前肢的修剪

将前脚向后抬起，用直剪将接近腕关节以下的长毛剪去。

向前抬起前肢，用直剪将前肢的肘关节至腕关节的长毛剪去，呈斜面，肘关节部最长毛应和胸底最下端长毛相接。

让犬自然站立，将前肢修剪成圆柱形，手根骨至近位种子骨之间的毛要修剪成弧线。

前肢不要修剪得太过细小，否则会显得身体太重破坏整体比例。

围绕前脚趾边把毛剪整齐。

(9)脸颊两侧的长毛要稍加修剪，但不要剪去太多，否则会让头部变小(图 4-17)。

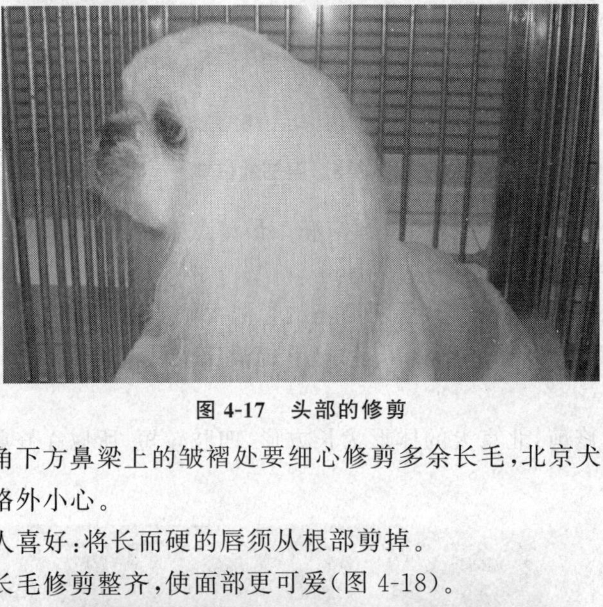

图 4-17　头部的修剪

(10)内眼角下方鼻梁上的皱褶处要细心修剪多余长毛，北京犬眼睛比较凸出，所以修剪时要格外小心。

可根据个人喜好：将长而硬的唇须从根部剪掉。

将面部的长毛修剪整齐，使面部更可爱(图 4-18)。

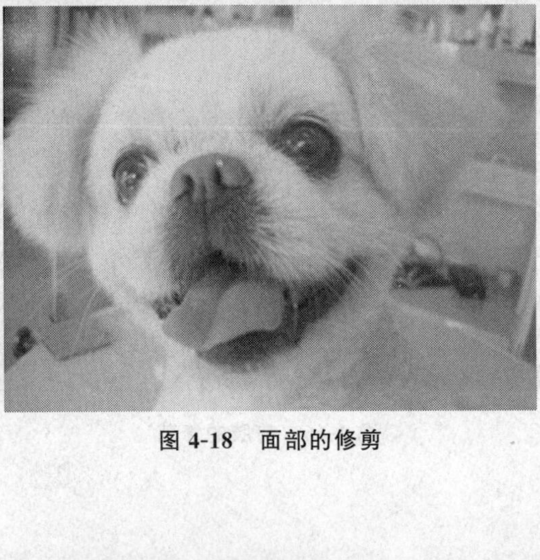

图 4-18　面部的修剪

(11)尾部毛的长短要与整体成比例,将尾部长毛从中心线一分为二,顺毛生长方向梳理整齐,用直剪将尾毛做弧线修剪(图 4-19)。

图 4-19　尾部的修剪

3. 其他美容方法

由于京巴犬被毛较厚,在炎热的夏天,也可根据主人的要求为京巴犬修剪夏妆(图 4-20)。

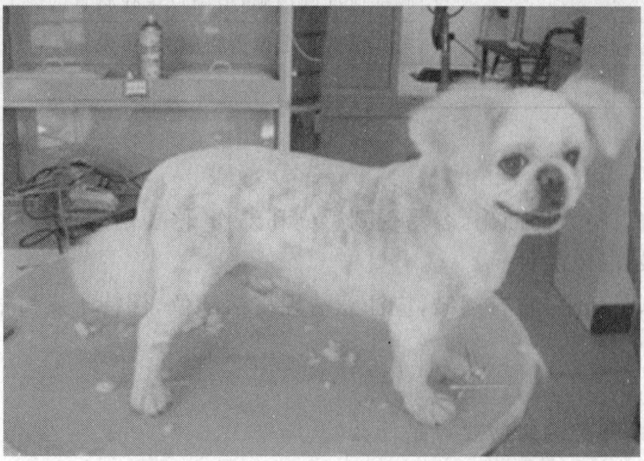

图 4-20　夏妆

实训结果考核标准

实训结果考核表

考核项目	要求	评分标准	权重
犬的控制及对犬的态度	掌握犬的正确控制方法和与犬的交流、配合	抱持犬的姿势1分,固定犬的姿势2分,操作姿势2分;对犬的态度:与犬的接触1分,与犬的交流2分,人与犬的配合2分	10
美容工具的使用	正确操作美容工具	美容梳的使用1分,剪刀的握持方法1分,电剪的握法1分,剪刀使用的技术水平1分,电剪使用的技术水平1分	5
基础护理	掌握美容前的基础护理内容	洗澡前彻底梳理被毛,去除打结部位,选择适宜的浴液清洗全身被毛,并吹干(包括机肛门腺,清理眼睛周围以及外耳道)。用10#电剪刀头将脚底毛、腹毛剃干净	10
肛门的修剪	符合美容标准	将肛门周围的被毛修剪干净	5
臀部被毛的修剪	修剪形状正确,部位准确	尾根至飞节将臀部修剪成半圆形弧线,弧线的顶点应处于臀部上1/3处	20
前、后肢的修剪		后肢由飞节处修剪至足部,形成连贯的弧线,后足缘圆形。前肢修剪成圆柱形	10
腰部的修剪		根据需要长度修剪整齐。下腹线最高点定在(公犬)生殖器前,腹线要收得流畅圆滑	15
胸部的修剪		胸部应浑圆饱满,最高点定在胸骨的斜上方	20
头部的修剪		将面部的长毛修剪得整齐、可爱	5
总分			100

注意事项

北京犬的眼睛大而凸出,容易受到感染和外伤,修剪前应注意清理眼睛周围的分泌物,尤其是白色品种。

北京犬鼻子扁平,常有褶皱,应注意清理皮褶部位,保持干燥清洁。

实训作业

(1)北京犬胸部的修剪要点是什么?

(2)北京犬臀部的修剪要点是什么?

项目十二 西施犬的美容技术

西施犬(Shih Tzu)又名菊花犬,原产于中国,是起源于17世纪的宫廷犬(图4-21)。

整体特点:身体强健,具有双层被毛,被毛浓密,纤长,脸似菊花。头部拱圆,眼睛大而突出,体重5～7 kg,性格活泼,与人友好。

图 4-21 美容前的西施犬

实训目标

西施犬被毛浓密而且长,应在洗澡前彻底梳理通透。

根据西施犬的整体结构特点掌握西施犬的基本修剪方法。

实训材料

电剪、4/4F、7/7F、10#刀头、直剪、牙剪、美容梳。

实训方法和步骤

1. 实训准备

(1)用美容梳将犬的全身被毛彻底梳理通畅,梳通打结部位。

(2)选择适宜的浴液清洗全身被毛,清理肛门腺、眼睛及外耳道。

(3)用10#刀头电剪修剪脚底毛。

(4)用 10# 刀头电剪剃掉腹部被毛。

2. 实训步骤

(1)肛门周围修剪：为避免粪便污染肛门周围被毛，应将肛门周围的被毛进行修剪。用直剪将靠近肛门附近的杂毛剪去。

(2)背部被毛剃毛：用电剪 4/4F、7/7F、10# 刀头根据美容需要由颈背部开始顺毛方向一直剃至尾根处(图 4-22)。

图 4-22 背部被毛剃毛

(3)腰腹部剃毛：同样长度的刀头从背部剃至身体两侧，前肢到肘部，后肢剃至髋关节部。

(4)颈部剃毛：双耳耳根至喉结连线下方开始剃毛，剃至胸骨前。

(5)臀部的修剪：梳起臀部被毛，将臀部剪毛成圆形，要求浑圆整齐。

(6)后肢的修剪：由髋关节处向后腿剪毛，将后肢按照犬的体型修剪成圆柱状筒形，在修剪的过程中不断地用美言梳逆毛梳起后肢被毛修剪，以保证修剪的圆柱形浑圆，长度一致。后肢内侧被毛略短于外侧长度。

(7)腹部的修剪：在后肢剃毛的基础上，从体侧至腹下修剪成自然的弧线(图 4-23)。

(8)脚的修剪：剪去后脚长出脚垫的长毛，修至略短于脚垫长度，围绕脚垫修成圆形。

(9)前肢的修剪：前肢由肩胛骨后缘向下垂直修剪，剪刀尖向下，将前肢修剪成圆柱状，前肢内侧稍短。

图 4-23 腹部的修剪

(10)耳部的修剪：将耳部饰毛梳整齐，两耳缘饰毛修剪成长度一致的扁平弧线(图 4-24)。

图 4-24 耳部的修剪

(11)头部的修剪：首先是鼻梁及唇边的修剪，要求向前梳理唇边的毛，用牙剪将两侧修成对称的弧形(图 4-25)。其次是下颌的修剪，将下颌的长毛剪短至喉结处，沿喉结处至两耳根弧形连线修剪成圆形(图 4-26)。

图 4-25 鼻梁及唇边的修剪

图 4-26 下颌的修剪

(12)尾部的修剪:向腹侧梳理尾部,捏住尾尖提起尾巴至水平高度,将腹侧垂下的尾毛修剪成整齐。

此外,根据西施犬被毛的长度,也可选择西施犬的比赛妆(图 4-27)。

图 4-27 比赛妆

在炎热的夏季,也可根据宠物主人的要求,将被毛推短,设计夏妆(图 4-28)。

图 4-28 夏妆

实训结果考核标准

实训结果考核表

考核项目	要求	评分标准	权重
犬的控制及对犬的态度	掌握犬的正确控制方法和与犬的交流、配合	抱持犬的姿势 1 分，固定犬的姿势 2 分，操作姿势 2 分；对犬的态度：与犬的接触 1 分，与犬的交流 2 分，人与犬的配合 2 分	10
美容工具的使用	正确操作美容工具	美容梳的使用 1 分，剪刀的握持方法 1 分，电剪的握法 1 分，剪刀使用的技术水平 1 分，电剪使用的技术水平 1 分	5
基础护理	掌握美容前的基础护理内容	洗澡前彻底梳理被毛，去除打结部位，选择适宜的浴液清洗全身被毛，并吹干(包括机肛门腺，清理眼睛周围以及外耳道)。用 10# 电剪刀头将脚底毛、腹毛剃干净	10
头部的修剪	符合美容标准	鼻梁及唇边修成对称的弧形。下颌的长毛剪短至喉结处，沿喉结处至两耳根弧形连线修剪成圆形	15
臀部被毛的修剪		臀部剪成圆形，要求浑圆整齐	10
前、后肢的修剪		前肢修剪成圆柱状，内侧稍短。后脚垫修成圆形。后肢修剪成圆柱状筒形，内侧被毛略短于外侧长度	15
背部剃毛		由颈背部开始顺毛方向一直剃至尾根处	10
颈部剃毛		双耳耳根至喉结连线下方开始剃毛，剃至胸骨前	5

续表

考核项目	要求	评分标准	权重
腰腹部剃毛	操作规范，部位准确	背部剃至身体两侧，前肢到肘部，后肢剃至髋关节部剃毛	15
耳部的修剪		耳部饰毛梳整齐，两耳缘饰毛修剪成长度一致的扁平弧线	5
总分			100

实训作业

(1)西施犬头部的修剪重点是什么？

(2)西施犬胸部饰毛的修剪要点是什么？

项目十三　雪纳瑞犬的美容技术

雪纳瑞犬根据体型大小分为巨型雪纳瑞（Giant Schnauzer）、标准雪纳瑞（Standard Schnauzer）和迷你雪纳瑞（Miniature Schnauzer）。原产于德国，起源于15世纪。

整体特点：身体强壮，精力旺盛，体型为典型的方形。雪纳瑞犬具有双层被毛，下层为柔软的底毛，底毛支撑起的外层被毛，质地较粗硬。迷你雪纳瑞体重1～3 kg。

实训目标

掌握雪纳瑞犬常规美容修剪的步骤。体会不同位置使用不同的运用电剪的方法。

实训材料

电剪（7/7F、10# 刀头）、直剪、牙剪、美容梳。

实训方法和步骤

1.实训准备

(1)用美容梳将犬的全身被毛彻底梳理通畅，梳通打结部位。

(2)选择适宜的浴液清洗全身被毛，清理肛门腺、眼睛及外耳道，尤其是外耳道内过多的耳毛要拔除。

(3)用 10# 刀头电剪修剪脚底毛。

(4)用 10# 刀头电剪剃掉腹部被毛。

2. 实训步骤

(1)用电剪 10# 刀头从眉骨后方(向后生的毛开始)紧贴头皮顺毛剃向枕骨。

(2)脸颊部分逆毛修剪,用 10# 刀头电剪由上耳根处向外眼角直线剃过,由外眼角垂直向下至下颚。

(3)由下耳根至喉骨划斜线,颈部从正面看有明显"V"形。

(4)耳朵要剃得极贴,故用 15# 刀头顺毛将耳朵内外侧毛一并剃除,耳洞内的毛也一并剃掉。

(5)背部由枕骨至尾尖用 7/7F 电剪刀头顺毛生长方向修剪,剃颈后部时,可将头部拉至身体水平(图 4-29)。

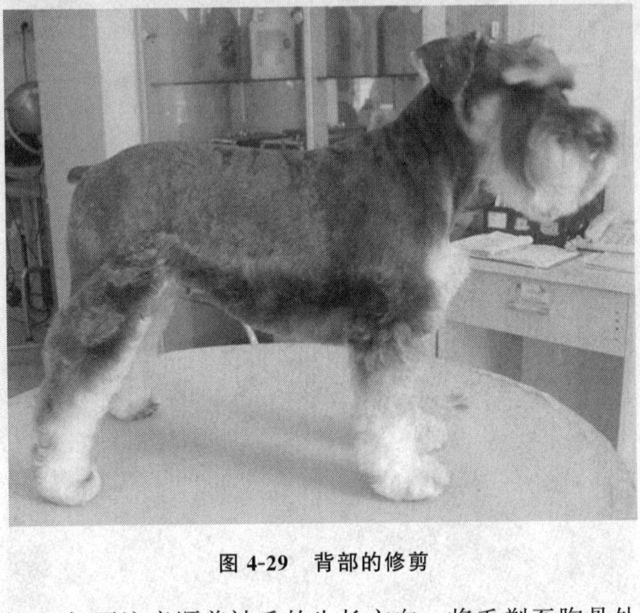

图 4-29 背部的修剪

(6)颈侧剃毛时,要注意顺着被毛的生长方向。将毛剃至胸骨处(图 4-30)。

(7)肩部的毛顺势由肩胛剃至前肢肘关节处,和前胸做斜线连接。

(8)身体侧面饰毛的位置由前肢的肘关节至后肢根部和腹相接处,有明显的收腹线(图 4-31)。

图 4-30 颈侧的修剪

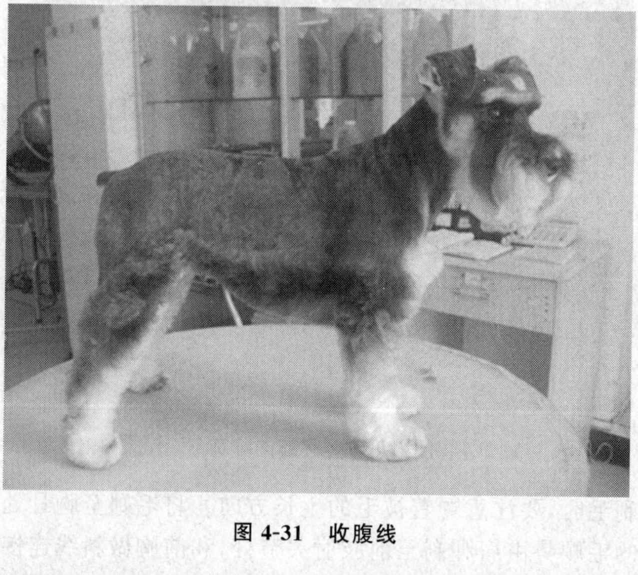

图 4-31 收腹线

(9)前腿毛从脚边开始向上挑起做柱状修剪，腿前侧毛的长度不应超过胸部，脚面不可有长毛覆盖，可露出中间的两个趾甲，前腿后侧脚垫部有微微地向上弧线，内侧毛不能过长，前望两腿间应有空隙(图 4-32)。

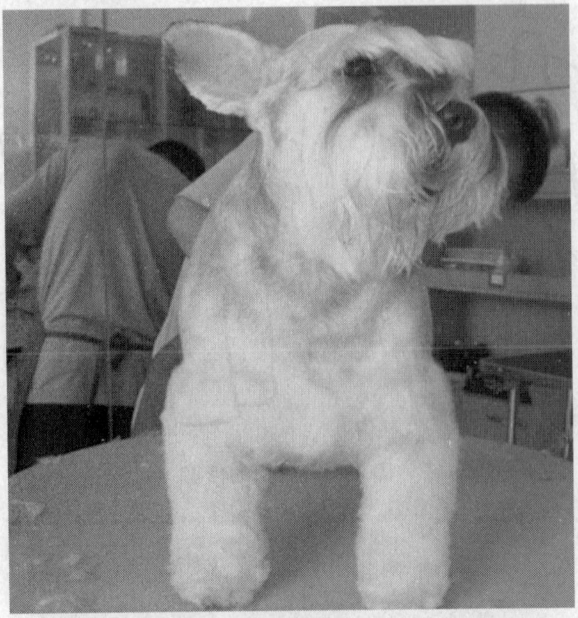

图 4-32 前腿的修剪

(10)后肢由腹侧饰毛的最高点至后肢飞节处做斜线修剪，后肢前、侧毛留下做腿部修剪用。

(11)臀部从后望应有一处箭头形区域，是用 10# 刀头电剪逆毛修剪的，尾巴也要用同身体同型号的刀头修剪。

(12)后腿也做柱状修剪，不过从后望应是胡萝卜形，也就是上细下粗。脚边修剪同前脚相同，脚后侧从脚垫处至飞节处有明显的斜线。

(13)用牙剪将臀部逆毛修剪区域同背毛顺毛修剪区域相接处过渡修剪出腰线，使分界痕迹不很明显。尾尖用牙剪修剪成圆形(图 4-33)。

(14)用牙剪做面部修剪，先将头顶部和脸颊部的交界处做过渡修剪至无明显界限，再用牙剪从两眉之间至鼻根部修剪出一条较窄的明显分界，在两眉顶端之间修剪出一个倒“八”字形，另两条眉毛分开，把眉毛翻开露出两眼，在两眼间修剪出一个菱形，也可以说是由一个正“V”和一个倒“V”形，内眼角一定要修剪干净(图 4-34)。

外眼角下方和脸颊相接处要做过渡修剪，不可令长毛任意飞出。

(15)将直剪尖指向鼻端，剪刀开合部贴住外眼角后端脸颊部在眉毛处做一刀式修剪，剪刀角度要掌握好，令眉毛上长下短，两边眉毛修剪方式相同。

图 4-33　臀部的修剪

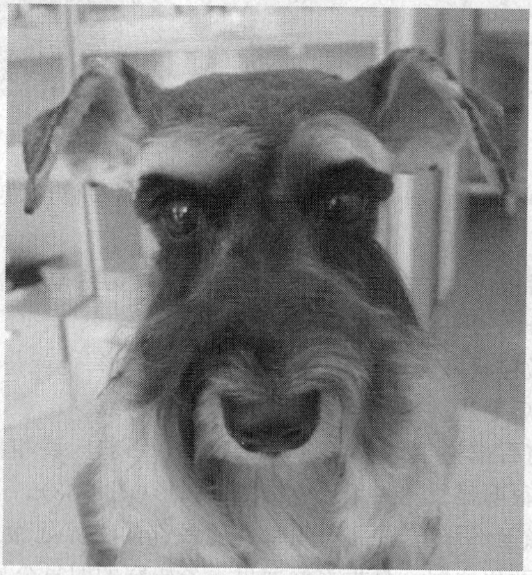

图 4-34　面部的修剪

将胡须从鼻梁处分两边向下梳理，最下边可剪整齐。鼻头根部的碎毛可剪掉，鼻下方唇边的毛应与唇边看齐修剪整齐，用剪刀将两耳边缘的碎毛修剪整齐。

(16)身侧饰毛修剪成前低后高的整齐斜线。身侧饰毛和后腿前侧毛相接处要做出向上的弧度(图 4-33 和图 4-35)。

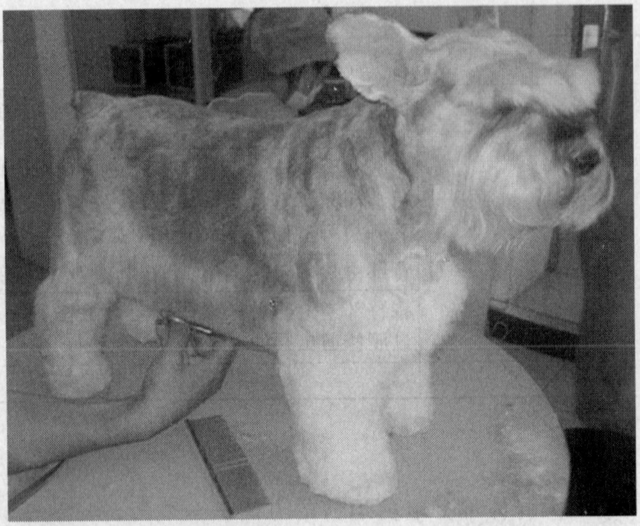

图 4-35　身侧饰毛的修剪

实训结果考核标准

实训结果考核表

考核项目	要求	评分标准	权重
犬的控制及对犬的态度	掌握犬的正确控制方法和与犬的交流、配合	抱持犬的姿势 1 分，固定犬的姿势 2 分，操作姿势 2 分；对犬的态度：与犬的接触 1 分，与犬的交流 2 分，人与犬的配合 2 分	10
美容工具的使用	正确操作美容工具	美容梳的使用 1 分，剪刀的握持方法 1 分，电剪的握法 1 分，剪刀使用的技术水平 1 分，电剪使用的技术水平 1 分	5
基础护理	掌握美容前的基础护理内容	洗澡前彻底梳理被毛，去除打结部位，选择适宜的浴液清洗全身被毛，并吹干(包括机肛门腺，清理眼睛周围以及外耳道)。用 10# 电剪刀头将脚底毛和腹毛剃干净	10
头部修剪	符合美容标准	从眉骨紧贴头皮顺毛剃向枕骨；脸颊部分逆毛由上耳根处向外眼角直线剃过，由外眼角垂直向下至下颚；眉毛上长下短，两侧修剪对称	15
颈部修剪		由下耳根至喉骨划斜线，颈部从正面看为明显“V”形，将毛剃至胸骨处	10
臀部被毛修剪		臀部从后望应修剪为箭头形区域	10

续表

考核项目	要求	评分标准	权重
前、后肢的修剪	操作规范，部位准确	前肢做柱状修剪，腿前侧毛的长度不应超过胸部，脚面不可有长毛覆盖，前腿后侧脚垫部有微微向上的弧线，内侧毛不能过长，前望两腿间应有空隙。后腿胡萝卜形柱状修剪，脚边修剪同前脚相同，脚后侧从脚垫处至飞节处有明显斜线	20
背部修剪		背部由枕骨至尾尖用7/7F电剪刀头顺毛向剃毛	10
腰线的修剪		将臀部逆毛修剪区域同背毛顺毛修剪区域相接处过渡修剪出腰线	10
总分			100

实训作业

(1)说出雪纳瑞犬身体部分电剪运剪的方向。

(2)说出雪纳瑞犬头部修剪的要点有哪些?

(3)说出雪纳瑞犬腰线的划定位置。

项目十四　美国可卡犬的美容技术

美国可卡犬(American Cocker Spaniel)又名激飞猎犬，起源于19世纪，由英国可卡犬演变而来。原产于美国，起初的用途是用于追踪与拾回小的猎物。体重11～13 kg，身高36～38 cm。

整体特点：美国可卡犬躯干被毛长而浓密，尤其是腹部及四肢被毛多而长，头部轮廓鲜明，头部毛短而细，被毛成丝状，柔软光滑，有的犬毛还有轻微的波浪状。美国可卡犬性格活跃好动，与人友好。

实训目标

美国可卡犬躯体毛长，容易发生打结和折断，应在美容前彻底梳理通透。

根据美国可卡犬的整体结构特点掌握美卡犬的标准装修剪方法。

美容前的可卡犬见图4-36。

实训材料

电剪、10#刀头、直剪、牙剪、美容梳。

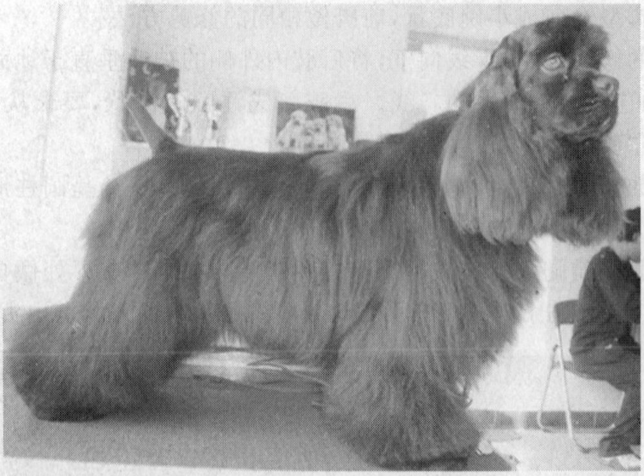

图 4-36　美容前的可卡犬

实训方法和步骤

1. 实训准备

(1)用美容梳将犬的全身被毛彻底梳理通畅,梳通打结部位。

(2)选择适宜的浴液清洗全身被毛,清理肛门腺、眼睛及外耳道。

(3)用 10# 刀头电剪修剪脚底毛。

(4)用 10# 刀头电剪剃掉腹部被毛。

2. 实训步骤

(1)头部的修剪:从可卡犬眼睛上方至头顶一半处留一个半月牙形区域的饰毛,留作头花修剪用。使用 10# 刀头电剪从留出区域向后一直剃到脑后枕骨处。

(2)从鼻端至鼻梁使用 10# 刀头电剪剃短,然后将脸颊至下眼睑的被毛也剃短。

(3)由喉结至两耳根做"U"形连线,在连线上方至脸部用 10# 刀头电剪剃短。

(4)颈下至胸部的修剪:从颈部"U"形两线下方起之胸骨前用 7# 刀头电剪剃成"V"形。

(5)腹部的修剪:从胸骨至骨盆部下缘做一条连线,围绕躯体一周,使用 10# 刀头电剪将上述连线之上的从颈背部至骨盆的被毛剃短,留下从连线垂下的裙缘,裙缘的长短视美容犬的被毛长短而定,长毛的可留至接地。

(6)脚部的修剪:向下顺顺被毛然后向后抬起后脚,将长出脚垫的毛全部剪掉,放下后脚，将脚型修剪成小碗底状，前脚做相同的修剪方法。

(7)后肢的修剪：从裙缘线向下，将后肢内外侧的被毛垂直于地面进行修剪，后脚垫与飞节的连线剪成向上的斜线。后肢剪成浑圆的筒状，要求从后面看两腿之间应修剪呈倒“U”形连接。

(8)前肢的修剪：两前肢垂直于地面修剪成直线形，腿筒呈圆柱形，两前肢内侧间隙应与后肢间隙一致，连接处做倒“U”形处理。

(9)用牙剪将前胸与前肢被毛交接处和背侧与裙缘的交界处做自然衔接修剪。

(10)将头部预留出的半月形部分的饰毛向前梳理，用牙剪修剪出头花(图 4-37)。

图 4-37　修剪后的可卡犬

(11)用 10# 刀头电剪将耳郭内靠近耳道的多余的耳毛剃干净，用 15# 刀头电剪将从耳根至耳郭的 1/3～1/2 处剃成短毛。

(12)用美容梳梳理双耳郭背侧的饰毛，将耳朵下缘的长毛修成弧形，使两耳形似水滴形状。

实训结果考核标准

实训结果考核表

考核项目	要求	评分标准	权重
犬的控制及对犬的态度	掌握犬的正确控制方法和与犬的交流、配合	抱持犬的姿势 1 分，固定犬的姿势 2 分，操作姿势 2 分；对犬的态度：与犬的接触 1 分，与犬的交流 2 分，人与犬的配合 2 分	10

续表

考核项目	要求	评分标准	权重
美容工具的使用	正确操作美容工具	美容梳的使用1分,剪刀的握持方法1分,电剪的握法1分,剪刀使用的技术水平1分,电剪使用的技术水平1分	5
基础护理	掌握美容前的基础护理内容	洗澡前彻底梳理被毛,去除打结部位,选择适宜的浴液清洗全身被毛并吹干(包括机肛门腺,清理眼睛周围以及外耳道)。用10#电剪刀头将脚底毛和腹毛剃干净	10
头部的修剪	符合美容标准	头花修剪	5
颈部的修剪		由喉结至两耳根做"U"形连线剃短	15
前、后肢的修剪		后肢剪成浑圆的筒状,要求从后面看两腿之间应修剪呈倒"U"形连接;前肢呈圆柱形,两前肢内侧间隙应与后肢间隙一致,连接处做倒"U"形处理	10
脚部的修剪		四肢脚型修剪成小碗底状	15
胸部的修剪		从颈部"U"形两线下方起之胸骨前用7#刀头电剪剃成"V"字形	20
耳部的修剪		耳朵下缘的长毛修成弧形,使两耳形似水滴形状	10
总分			100

实训作业

(1)说出可卡犬头部修剪的要点。

(2)口述可卡犬四肢美容的要点。

项目十五 贵妇犬的美容技术

贵妇犬(Poodle)又名贵宾犬,原产地公认为法国,也有考证为德国的。因从18世纪起就为法国皇宫贵族所喜爱,因此又名法国贵妇犬。宠物美容技术就起源于贵妇犬。按照体型的大小,贵妇犬又分为标准贵妇犬(Standard Poodle)、迷你贵妇犬(Miniature Poodle)和玩具贵妇犬(Toy Poodle)。目前国内也有人在改良繁殖体型比玩具贵妇更小的贵妇犬。

整体特点:贵妇犬整体平衡性好,毛量丰厚,非常适合做各种创意的修剪。是美容师的首选犬种。贵妇犬非常聪明,听觉敏锐,有训练天赋,是最常见的表演犬种。

实训目标

贵妇犬被毛细、柔,平时不注意修剪极易打结,实训时要学会梳通被毛。

根据贵妇犬的整体结构特点掌握贵妇犬的宠物妆修剪方法。

实训材料

电剪、10# 刀头、直剪、牙剪、美容梳。

实训方法和步骤

1. 实训准备

(1)用美容梳将犬的全身被毛彻底梳理通畅,梳通打结部位。

(2)选择适宜的浴液清洗全身被毛,清理肛门腺、眼睛及外耳道。

(3)用 10# 刀头电剪修剪脚底毛。

(4)用 10# 刀头电剪剃掉腹部被毛,公犬剃成倒"V"形,母犬剃成倒"U"形(图 4-38)。

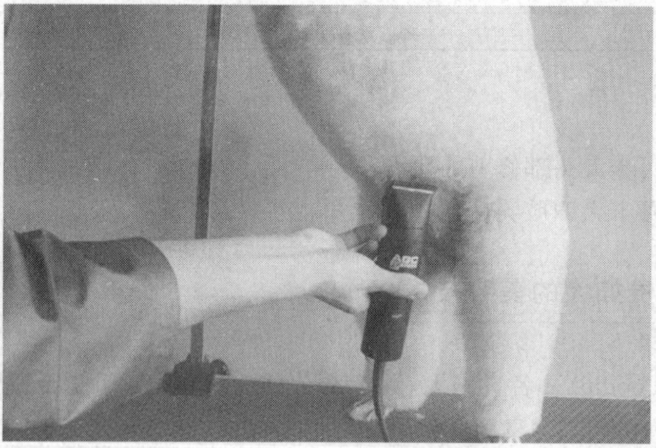

图 4-38 腹部的修剪

2. 实训步骤

(1)按照主人的造型需要,通常用 10# 刀头电剪倒剃贵宾犬的面部,内眼角之间要剃成倒"V"形,由耳根部至外眼角倒剃,眉线呈直线(图 4-39)。

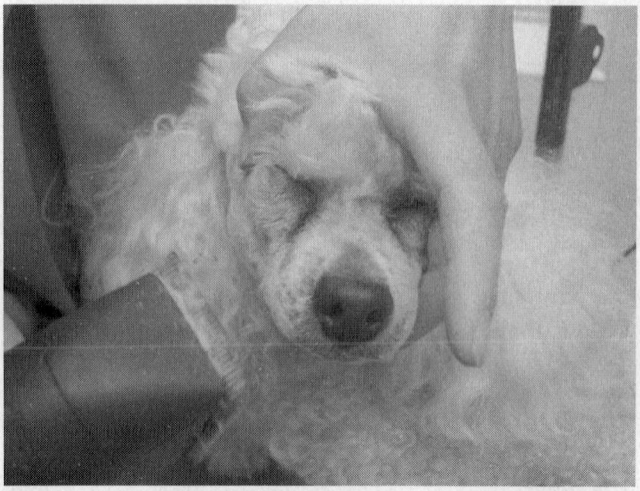

图 4-39 面部的剃毛

也可将面部的被毛进行圆形修剪(图 4-40)。

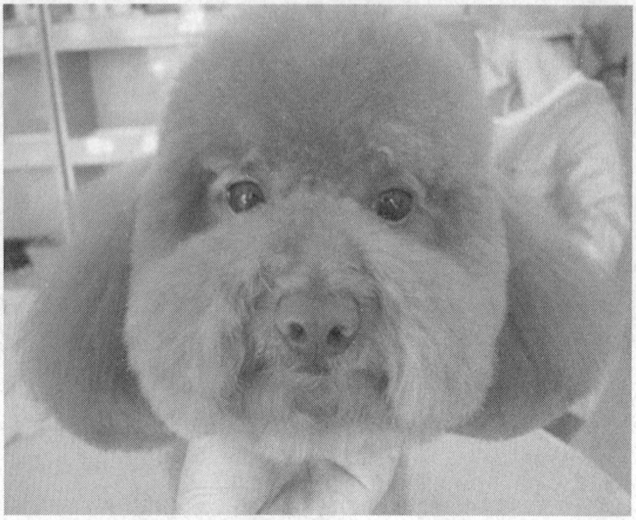

图 4-40 面部的圆形修剪

(2)用 10# 刀头电剪由耳根至咽喉部倒剃,颈线呈"V"形。

(3)用 10# 刀头电剪将犬的尾根部倒剃,呈倒"V"形。

(4)根据造型的需要用直剪将犬的背毛剪至合适的长度,背线从尾根至肩胛呈直线。

(5)用直剪将尾根至坐骨处修剪出弧线,使臀部圆滑,丰满(图 4-41)。

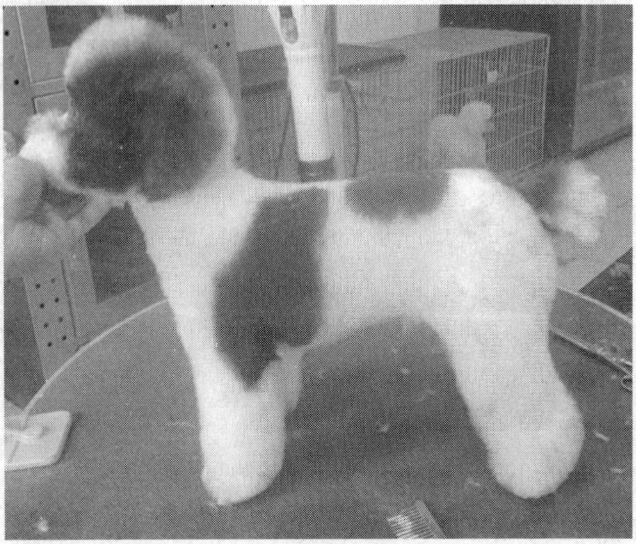

图 4-41　臀部的修剪

(6)用直剪将后腿修剪成圆柱形,与臀部自然衔接,要有自然的曲线。将足线处的长毛修剪干净与腿部衔接。

后肢修剪完毕后双腿应是平行线(图 4-42 和图 4-43)。

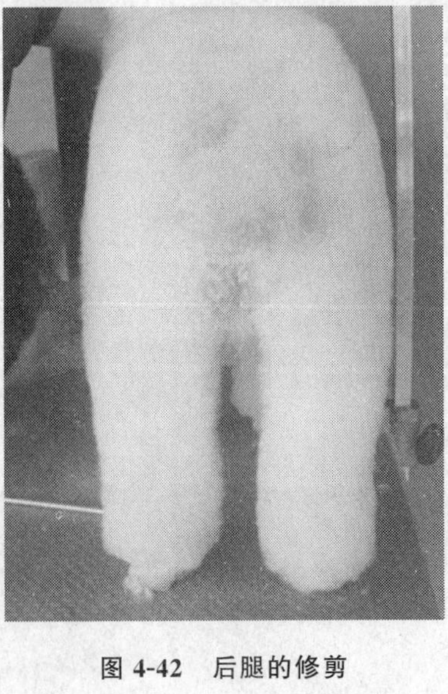

图 4-42　后腿的修剪

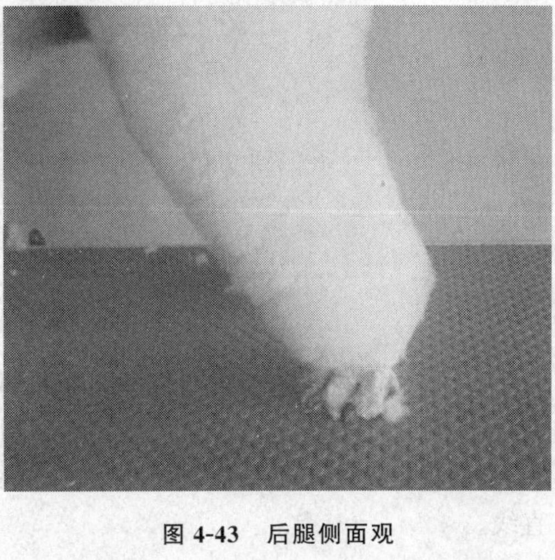

图 4-43　后腿侧面观

(7)将腹线的最高点定在公犬生殖器前端,做弧线修剪与后肢自然衔接。将腹线的最低点定在前肢的肘部,与最高点自然衔接(图 4-44)。

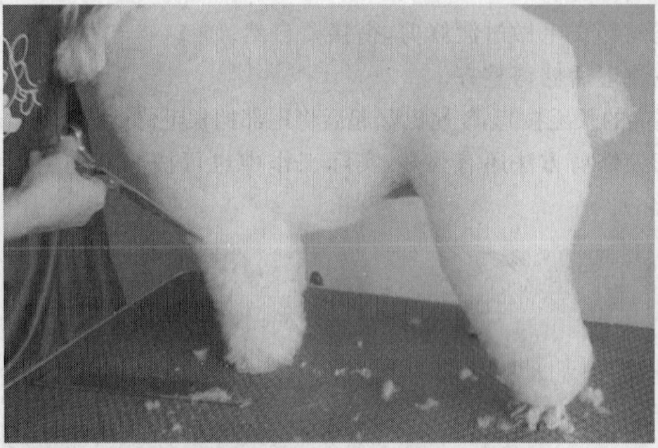

图 4-44　腹线做弧线修剪

将背线至下腹线做弧线修剪。

将颈线部至胸骨部做弧线修剪(图 4-45)。

图 4-45　颈线的修剪

将胸骨部至前肢上腕处做弧线修剪,与下腹线衔接。

(8)将前肢修剪成圆柱形,将前肢足线的长毛修剪干净。

(9)将盖在眼部的长毛修剪干净,然后将贵妇犬的冠毛从中间分开,眉线至顶部的长毛做弧线修剪。

将冠毛至颈部长毛做过渡修剪,衔接要自然。

耳部饰毛梳理后修剪整齐。

(10)将尾尖的长毛拉起,使尾巴竖起后将尾部的长毛修剪成球形,要多角度修剪。

此外贵妇犬修剪方法还有很多,实际工作中也可按照宠物主人的要求做个性化修剪(图 4-46)。

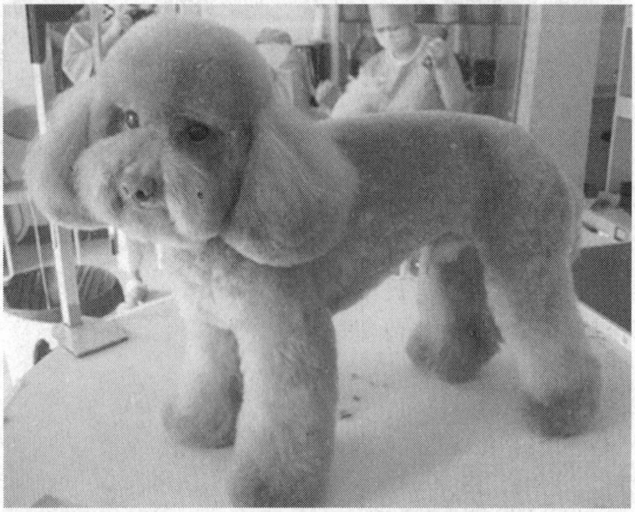

图 4-46 贵妇犬的个性化修剪

注意事项

在剃面部的时候,要注意电剪的刀头不要碰到眼睛而造成角膜的损伤。

实训结果考核表

考核项目	要求	评分标准	权重
犬的控制及对犬的态度	掌握犬的正确控制方法和与犬的交流、配合	抱持犬的姿势 1 分,固定犬的姿势 2 分,操作姿势 2 分;对犬的态度:与犬的接触 1 分,与犬的交流 2 分,人与犬的配合 2 分	10
美容工具的使用	正确操作美容工具	美容梳的使用 1 分,剪刀的握持方法 1 分,电剪的握法 1 分,剪刀使用的技术水平 1 分,电剪使用的技术水平 1 分	5

续表

考核项目	要求	评分标准	权重
基础护理	掌握美容前的基础护理内容	洗澡前彻底梳理被毛，去除打结部位，选择适宜的浴液清洗全身被毛，并吹干（包括肌肛门腺，清理眼睛周围以及外耳道）。用10# 电剪刀头将脚底毛、腹毛剃干净	10
头部的修剪	符合美容标准	眉线至顶部的长毛做弧线修剪。内眼角之间剃成倒“V”形，由耳根部至外眼角倒剃，眉线呈直线	5
背部的修剪		背毛剪至合适的长度，背线从尾根至肩胛呈直线	10
臀部的修剪		尾根至坐骨处修剪出弧线，使臀部圆滑，丰满	15
前后肢的修剪		将前肢修剪成圆柱形，将前肢足线的长毛修剪干净。后腿修剪成圆柱形，与臀部自然衔接，要有自然的曲线	15
胸部的修剪		将颈线部至胸骨部做弧线修剪	10
腰腹部的修剪		背线至下腹线做弧线修剪与后肢自然衔接。将腹线的最低点定在前肢的肘部，与最高点自然衔接	10
尾部的修剪		尾部的长毛修剪成球形	10
总分			100

实训作业

(1)贵妇犬腰腹部修剪的要点是什么？

(2)贵妇犬后肢的修剪要点是什么？

(3)画出贵妇犬面部剃毛位置。

项目十六 比熊犬的美容技术

比熊犬(Bichon Frise)又名法皇拜康犬。原产于法国，起源于16世纪。

整体特点：全身白色的被毛如天鹅绒一般松软柔韧，毛量丰厚，头部毛长能够遮住耳朵。比熊犬体态均衡，智商很高，表情可爱，也是马戏团中常见的表演犬种(图4-47)。

实训目标

比熊犬底毛厚，容易发生打结，应在美容前彻底梳理通透。

根据比熊犬的整体结构特点掌握比熊犬的标准装修剪方法。

实训材料

电剪、10# 刀头、直剪、牙剪、美容梳。

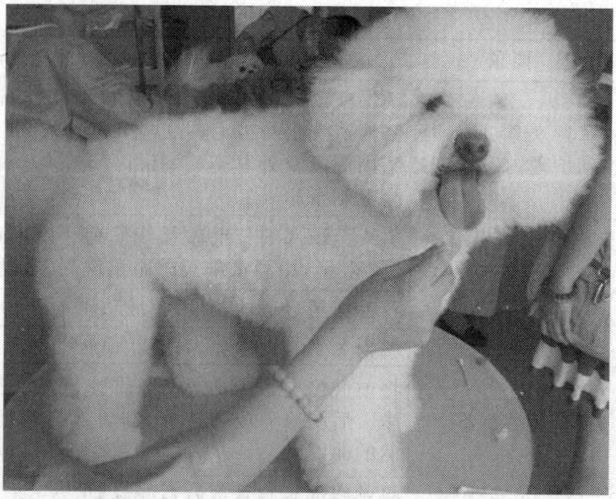

图 4-47 美容前的比熊犬

实训方法和步骤

1. 实训准备

(1)用美容梳将犬的全身被毛彻底梳理通畅,梳通打结部位。
(2)选择适宜的浴液清洗全身被毛,清理肛门腺、眼睛及外耳道(图 4-48)。

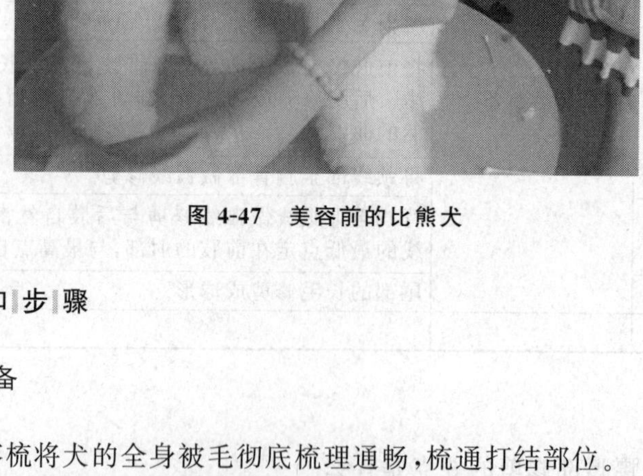

图 4-48 外耳道的清理

(3)用 10# 刀头电剪修剪脚底毛。

(4)用 10# 刀头电剪剃掉腹部被毛(图 4-49)。

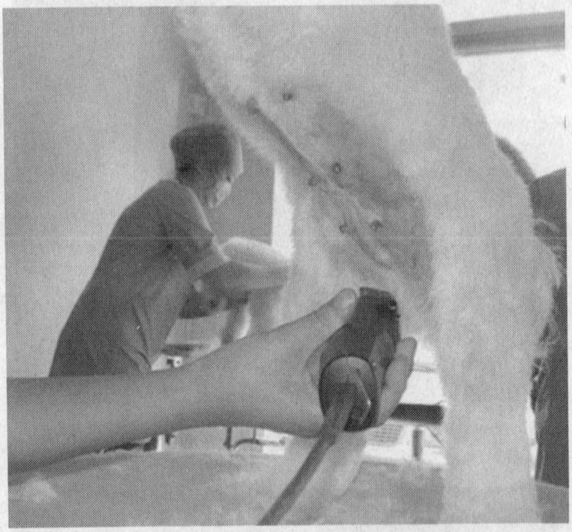

图 4-49　腹部剃毛

2. 实训步骤

(1)被毛的修剪:先用 10# 刀头电剪剃掉腹部被毛,公犬应在生殖器前剃毛成三角形。将距离尾根 1 cm 处一周的被毛剪短,这样在美容后,尾巴向上翘起时会比较美观。根据美容的比熊犬的毛量及长短修剪臀部上方的被毛,最好是 7.5～10 cm 长度(图 4-50)。

(2)后肢的修剪:从臀部上方向两侧,将两腿外侧修剪成圆弧形,坐骨部修剪出弧形,使后面观两后腿呈倒置的"U"形。后肢从飞节起后端的被毛要与地面修成 45°角的斜面,造成飞节部向后扬起的感觉。

两后腿外侧要用直剪剪成直线直至腿边。两后腿内侧毛修剪的长短要视两腿间的距离而定,要保留与体型适宜的间距。

将后脚向后提起,梳理脚垫周围的被毛,将长过于脚垫周围的长毛剪短,使足缘修成小碗底形,同样的方法修剪另一侧的后脚(图 4-51)。

图 4-50 被毛的修剪

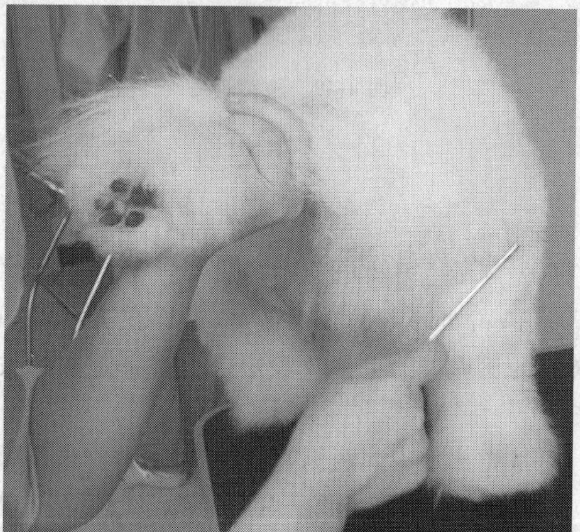

图 4-51 后肢的修剪

(3)从收腹线位置开始修剪比熊犬的腰部两侧,根据体型大小,要求从背侧俯视,有适当的收腰曲线。但是要注意不能将腰部修剪得过短,否则会显得腰部细而无力,影响美容效果(图 4-52)。

(4)前肢的修剪:比熊犬的前肢修剪要求,从正面观,两前腿呈圆柱形筒状。前肢向上的延长线与肩背部呈直线(图 4-53)。

图 4-52　腰部的修剪

图 4-53　前肢的修剪

(5)头部的修剪:头部是比熊犬美容的重要部分。

眼部的修剪:用美容梳将眼睛上方的毛向前梳理,将两眼上部的饰毛剪短,内眼角之间的毛略长于两眼上方的毛,剪完形成眼窝凹进而眼间突出的效果。

从两眼上方至头顶修剪成圆形。

鼻梁的修剪:将从两内眼角连线起向下直至鼻端的碎毛修剪干净。将鼻镜周围和嘴唇周围的碎毛剪齐(图 4-54)。

图 4-54 头部的修剪

吻部的修剪:吻部两侧及下颌修剪成饱满的圆形,由吻部向两颊做自然衔接修剪。

用手抬起犬的头,将从下颌到颈部修剪成圆形。

修剪耳郭的饰毛,使耳郭的形状融于头部的整个的球形中,使头部从各个角度看都成一个球形(图 4-55)。

(6)尾部的修剪:将尾毛梳理通顺,向上提起尾巴,在尾尖处剪齐尾毛。

实训结果考核标准

实训结果考核表

考核项目	要求	评分标准	权重
犬的控制及对犬的态度	掌握犬的正确控制方法和与犬的交流、配合	抱持犬的姿势 1 分,固定犬的姿势 2 分,操作姿势 2 分;对犬的态度:与犬的接触 1 分,与犬的交流 2 分,人与犬的配合 2 分	10

续表

考核项目	要求	评分标准	权重
美容工具的使用	正确操作美容工具	美容梳的使用1分，剪刀的握持方法1分，电剪的握法1分，剪刀使用的技术水平1分，电剪使用的技术水平1分	5
基础护理	掌握美容前的基础护理内容	洗澡前彻底梳理被毛，去除打结部位，选择适宜的浴液清洗全身被毛，并吹干（包括肌肛门腺，清理眼睛周围以及外耳道）。用10# 电剪刀头将脚底毛、腹毛剃干净	10
头部的修剪	符合美容标准	符合比熊犬头部修剪要求，头部从各个角度看呈球形	15
臀部的被毛修剪		按实际毛量将臀部上方的被毛剪至7.5～10 cm	10
前、后肢的修剪		两前腿呈圆柱形筒状。前肢向上的延长线与肩背部呈直线。两后腿呈倒置的"U"形，从飞节起后端的被毛与地面修成45°角斜面。足缘修成小碗底形	20
背部的修剪		整个背部修剪成圆弧形，头部至臀部略有倾斜	10
腰腹部的修剪		从背侧俯视，有适当的收腰曲线	10
耳部的修剪		耳郭的形状融于头部的整个的球形中	10
总分			100

图4-55 头部修剪成圆形

注意事项

要注意比熊犬的头部圆形的立体造型修剪。

实训作业

(1)画出比熊犬的整体修剪造型图。

(2)掌握比熊犬头部整体造型的修剪方法。

项目十七　西部高地白㹴犬的美容技术

西部高地白㹴(West Highland White Terrier)原产于苏格兰高地,是一种具有坚强体魄、喜欢游戏、友好感情细腻的㹴类犬。起源于19世纪,起初用于捕鼠,现在是伴侣犬。该犬容易激动,易患过敏性皮肤病。通常体重7~10 kg。身高25~28 cm。

整体特点:西部高地白㹴骨骼结实,胸部和背肋深,因生活在岩石嶙峋的高地而具有后躯强壮、后腿肌肉发达的特点。西部高地白㹴具有双层被毛,白色,上层毛直而且粗硬,被毛长约5 cm,下层柔软绒毛紧贴身体。背部和身体两侧的长长被毛与短一些的颈部及肩部被毛漂亮的混合在一起。在头部周围留有大量被毛,形成了典型的西部高地白㹴的表情(图4-56)。

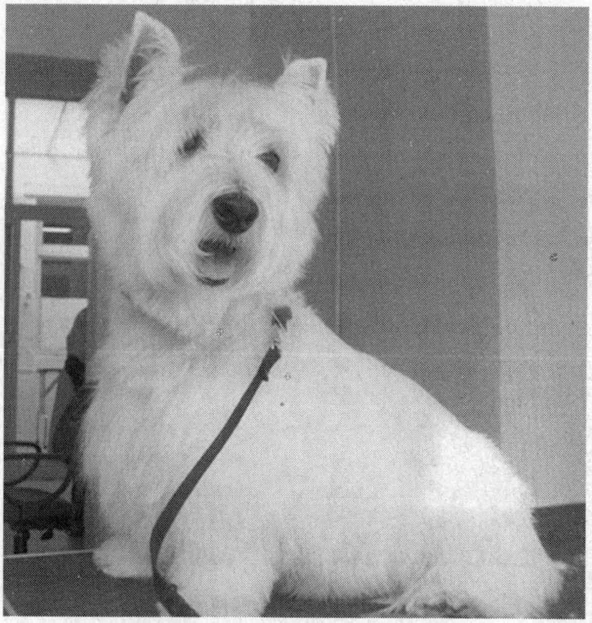

图4-56　美容前的西部高地白㹴

实训目标

了解西部高地白㹴的外形特点,并根据特点重点学习头部的修剪方法。

实训材料

电剪(5/5F、7/7F、10[#]刀头)、直剪、牙剪、美容梳。

实训方法和步骤

1. 实训准备

(1)洗澡前彻底梳理被毛,去除打结部位,选择适宜的浴液清洗全身被毛,并吹干(包括机肛门腺,清理眼睛周围以及外耳道)。

(2)用 10[#] 刀头电剪将脚底毛剃干净。

(3)用 10[#] 刀头电剪将腹毛剃干净。

2. 实训步骤

(1)用 5/5F 号刀头电剪将犬背部顺毛由颈部开始剃向尾根处。

(2)颈部被毛的修剪:用 7/7F 号刀头电剪由下颌开始向下剃至胸骨处。颈背侧从耳朵下 5 cm 处开始剃至肩胛部。

(3)从肩胛部开始至髋骨部(至尾根前)两侧对称的做一连线,在连线以下部分作为裙缘,裙缘线以上至背部用牙剪做过渡的修剪,使从背部到裙缘自然过渡,而不能出现台阶状。

(4)后肢的修剪:将后肢内侧被毛修剪成斜线,从后边看呈"A"字形,后肢外侧要留有一定厚度,一边梳起一边修剪整齐即可。后脚足缘修剪成圆形。

(5)前肢的修剪:前肢的外侧由肩胛至前脚剪成垂直线,后侧由腕关节至腹部修剪成斜线,内侧修剪整齐,不要留太多毛,脚边剪成比较贴的圆形,要显示出脚爪的厚度。

(6)耳部的修剪:西高地白㹴的两耳距离较宽,耳尖比较尖,美容时要求将两耳尖饰毛修剪成尖角形,两耳之间的头部饰毛修剪成圆弧形,不超过耳尖,使头部上方呈圆形,只露出两耳尖。

(7)头部的修剪:头部的修剪是西高地白㹴美容的重点。整体要求是,从各个角度观察,头部的被毛都应呈圆形。将两颊的被毛由耳根部至下颚修剪成圆弧形。两眼间的毛不能遮住眼睛(图 4-57)。

图 4-57　美容后的西高地白㹴

(8)尾部的修剪：将尾根至坐骨修剪整齐，按照从坐骨至后脚垫后缘的连线修剪成倾斜的直线，将尾巴上的被毛剪短，形成尾根粗尾尖细的胡萝卜状(图 4-58)。

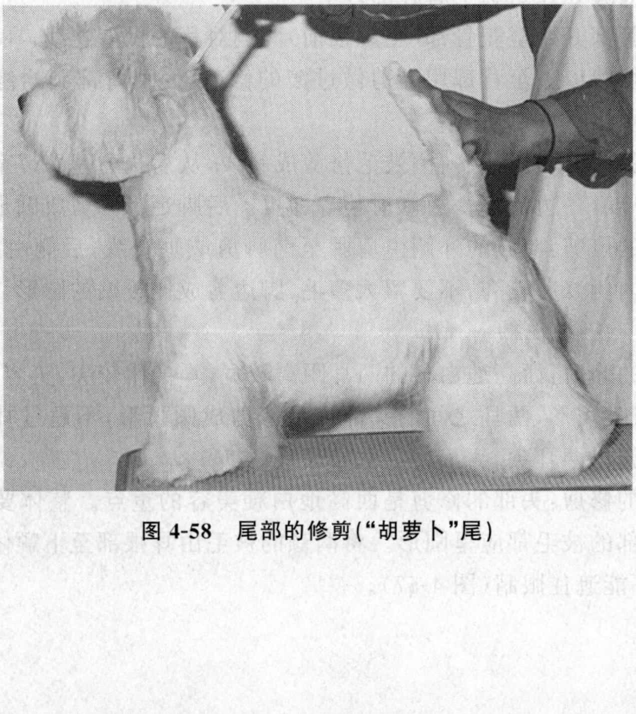

图 4-58　尾部的修剪("胡萝卜"尾)

实训结果考核标准

实训结果考核表

考核项目	要求	评分标准	权重
犬的控制及对犬的态度	掌握犬的正确控制方法和与犬的交流、配合	抱持犬的姿势 1 分，固定犬的姿势 2 分，操作姿势 2 分；对犬的态度：与犬的接触 1 分，与犬的交流 2 分，人与犬的配合 2 分	10
美容工具的使用	正确操作美容工具	美容梳的使用 1 分，剪刀的握持方法 1 分，电剪的握法 1 分，剪刀使用的技术水平 1 分，电剪使用的技术水平 1 分	5
基础护理	掌握美容前的基础护理内容	洗澡前彻底梳理被毛，去除打结部位，选择适宜的浴液清洗全身被毛，并吹干(包括肌肛门腺，清理眼睛周围以及外耳道)。用 10# 电剪刀头将脚底毛、腹毛剃干净	10
头部的修剪	符合美容标准	从各个角度观察，头部的被毛都应呈圆形。将两颊的被毛由耳根部至下颚修剪成圆弧形。两眼间的毛不能遮住眼睛	15
耳部的修剪		两耳之间的头部饰毛修剪成圆弧形，不超过耳尖，使头部上方呈圆形，只露出两耳尖	5
前、后肢的修剪		前肢的外侧由肩胛至前脚剪成垂直线，后侧由腕关节至腹部修剪成斜线。后肢内侧被毛修剪成斜线，从后边看呈“A”字形，足缘修剪成圆形	20
背部的修剪		犬背部顺毛由颈部开始剃向尾根处	5
颈部的修剪		由下颌开始向下剃至胸骨处。颈背侧从耳朵下 5 cm 处开始剃至肩胛部	10
裙缘的修剪		背部到裙缘自然过渡，而不能出现台阶状	15
尾部的修剪		将尾根至坐骨修剪整齐，按照从坐骨至后脚垫后缘的连线修剪成倾斜的直线	5
总分			100

实训作业

(1)说出西高地白㹴的头部和颈部的修剪要点。

(2)掌握西高地白㹴裙缘修剪方法。

第五章　其他犬的美容技术

项目十八　马尔济斯犬的美容技术

马尔济斯犬(Maltese Dog)又名马耳他犬。原产于马耳他岛,是具有3 000年以上历史的古老品种,从公元前13世纪的埃及古墓中,可以发现近似此犬的雕像。此犬约公元前55年随罗马军到达英国。中世纪以前,一向是欧洲贵族们的日常伴侣。

整体特点:整体结构匀称。头顶略圆被纤长的毛覆盖,耳低而下垂,布满长长的饰毛,眼凸出,大而圆,身体长而窄,胸部宽,颈部约为身高的1/2,头部总是高高抬起。卷尾上扬于背部,有丰茂而柔长的放射状饰毛,给人以十分高雅的感觉。四肢短小有饰毛。毛质光滑,呈绢丝状长毛,成年犬可达20 cm以上。没有下层毛。马尔济斯犬活泼,机警,聪明,感情丰富。马尔济斯犬肩高不超过25 cm,重量2～2.7 kg,不超过3 kg(图5-1)。

图5-1　马尔济斯犬

实训目标

了解马尔济斯犬的整体外观特点，学习使用美容梳正确梳理马尔济斯犬的被毛。

根据马尔济斯犬的整体结构特点学习马尔济斯犬的修剪方法。

实训材料

电剪、10# 刀头、直剪、牙剪、美容梳。

实训方法和步骤

1. 实训准备

（1）用美容梳将犬的全身被毛彻底梳理通畅，梳通打结部位。

（2）选择适宜的浴液清洗全身被毛，清理肛门腺、眼睛及外耳道。

（3）用 10# 刀头电剪修剪脚底毛。

（4）用 10# 刀头电剪剃掉腹部被毛。

2. 实训步骤

（1）肛门周围的修剪：向上提起尾巴，将肛门周围的杂乱毛修剪干净。

（2）头部的修剪：对眼睛下缘的毛可剪掉一半，鼻梁上的毛从中线开始向两边平分梳开，唇周边较粗的胡子和长毛由根部剪除，两侧胡须的长度约为头长的 1/3。

（3）毛的梳理：背部的毛沿背中线向两侧垂下。尾根周围 1 cm 处用梳子、剪子修整，尾毛应左右分开，尾根部可涂少量油。

（4）脚的四周应沿脚尖用剪子修剪成圆形，由趾间长出的毛要小心剪除。

（5）体毛多的犬则可用手将外侧体毛掀起，用梳子对内侧的毛进行梳理，毛量较稀少的，则让内侧毛自然下垂后再以梳子往上梳理。在梳理外行时，可由上往下分三四次梳，绝不可一梳到底。修剪下摆时，让犬站立在修剪台上，左手拿梳子压住长毛，将梳子的一侧固定在修剪台上，这样便可修剪成漂亮的下摆。

（6）头部被毛的结扎可参看西施犬的结扎法。修剪宠物妆时，常常将头顶的饰毛留一个刘海或向上梳理成小辫。修剪刘海时，向前梳起一小部分毛发，从眼角外侧开始向另一只眼睛的外眼角开始修剪，对侧同样修剪。

实训作业

（1）简述马尔济斯犬的面部修剪要点。

（2）练习马尔济斯犬被毛护理方法。

项目十九 长毛腊肠犬的美容技术

长毛腊肠犬(Mexican Hairless)原产于德国,起源于19世纪。

整体特点:长毛腊肠犬毛质柔软,直顺,有的略有波浪状。该犬低矮,躯体呈扁长方形,肌肉结实,比较警惕,爱吠叫,嗅觉十分灵敏,是一种很好的追踪犬(图5-2)。

图5-2 长毛腊肠犬

实训目标

(1)了解长毛腊肠犬的身体结构特点。

(2)了解长毛腊肠犬常见的美容修剪方法。

实训材料

直剪、牙剪、美容梳、10# 刀头电剪。

实训方法和步骤

1.实训准备

(1)用美容梳将犬的全身被毛彻底梳理通畅,梳通打结部位。

(2)选择适宜的浴液清洗全身被毛,清理肛门腺、眼睛及外耳道。

(3)用 $10^{\#}$ 刀头电剪修剪脚底毛。

(4)用 $10^{\#}$ 刀头电剪剃掉腹部被毛。

2. 实训步骤

(1)提起尾巴,剪去肛门周围的碎毛。

(2)脚部修剪主要是自然,趾部蓬松。

(3)根据宠物主人的要求,也可以用牙剪将后腿和胸部的被毛打薄。

项目二十　蝴蝶犬的美容技术

蝴蝶犬(Papillon)别名蛾犬、松鼠猎鹬犬。Papillon 在法语中是蝴蝶的意思。原产地目前无法考证,但有人分析认为,蝴蝶犬的祖先是由中国传到西班牙的猎鹬犬种。16 世纪为西班牙和法国贵族所珍爱。

整体特点:蝴蝶犬体型平衡性好,聪明敏捷,两只形似蝴蝶翅膀的耳朵是其最具标致性的特点。头部中间通常有一条白色毛发。蝴蝶犬被毛特点为:单层、丝质、纤长、丰富、飘逸而又富有弹性(图 5-3)。

图 5-3　蝴蝶犬

实训目标

洗澡是蝴蝶犬的美容重点之一，正确地洗澡和梳理则大部分的美容即已完成，在实训中要注意蝴蝶犬的梳理和洗澡的操作。

实训材料

电剪、10# 刀头、直剪、牙剪、美容梳。

实训方法和步骤

1. 实训准备

(1)用美容梳将犬的全身被毛彻底梳理通畅，梳通打结部位。

(2)选择适宜的浴液清洗全身被毛，清理肛门腺、眼睛及外耳道。

(3)用 10# 刀头电剪修剪脚底毛。

(4)用 10# 刀头电剪剃掉腹部被毛。

2. 实训步骤

作为展示用犬，可以不做修剪。

作为宠物犬的美容步骤如下：

(1)清理掉犬肛门附近的毛。

(2)鼻子相对宽的犬去掉胡子会看起来更精致。如果把胡子剪掉也会让犬看起来更清爽整齐，是否要剪可根据主人意愿。

(3)蝴蝶犬脚的前面和后面都需要修剪，要让脚看起来整洁并呈现出野兔爪状。不要修剪过度，要留一小撮毛聚在爪尖的部分。从爪子后面开始修剪，然后到前面，最后留一小撮在尖部。可以用小牙剪来进行修磨去掉那些不整齐的毛。

(4)修剪后腿跗部的毛。大多数蝴蝶犬跗部的毛很绒，容易给人以腿部粗重的感觉，使用牙剪修剪成自然的状态。

实训作业

简述蝴蝶犬脚部和跗部修剪的要点。

项目二十一 拉萨狮子犬的美容技术

拉萨狮子犬(Lhasa Apso)又名拉萨犬、藏狮。原产于中国，起源于16世纪，主要豢养在拉萨的寺院中用作看门犬，并有"除魔之犬"的美名，为贵族和高级僧侣所有，达赖喇嘛常将此犬作为贵重礼品进贡给历代皇帝。1920年后才传入欧洲。至今纯种的拉萨狮子犬非常少见，有杂交血统的较多。

整体特点：拉萨狮子犬躯体平衡性好，身体强健，被毛很厚，纤长浓密、直而硬，性格活泼、自信，对陌生人警惕。肩峰到臀部最高点的距离大于肩高，肋骨扩张良好，腰强，臀和大腿发达。

头部饰毛丰厚，下垂于眼部，具有良好颌须和口须。颅骨狭窄，眼后位以显著角度倾斜，不十分平坦，但不呈圆顶形或苹果形。吻直而长，鼻子黑色，鼻尖到眼的距离大约为鼻子到颅骨顶部的1/3。耳朵有垂饰，毛厚。前腿直，前后腿有丰富的饰毛。脚饰毛发达。身高平均23～28 cm，公犬为25.4～28 cm，体重5.9～7.3 kg(图5-4)。

图 5-4 拉萨狮子犬

实训目标

了解拉萨狮子犬的身体结构特点，学习拉萨狮子犬的修剪方法。

实训材料

电剪、10# 刀头、直剪、牙剪、美容梳。

实训方法和步骤

1.实训准备

(1)用美容梳将犬的全身被毛彻底梳理通畅,梳通打结部位。

(2)选择适宜的浴液清洗全身被毛,清理肛门腺、眼睛及外耳道。

(3)用10#刀头电剪修剪脚底毛。

(4)用10#刀头电剪剃掉腹部被毛。

2.实训步骤

(1)被毛的梳理:拉萨犬的梳理很重要,从鼻尖开始,一直到尾基部,将毛均匀地分缝梳理,关键性的一步就是沿背中线分出一条笔直的缝。进行这一操作之前先选择好一个最佳位置,即位于犬头后部,并与其躯体长轴垂直的部位,从背部隆起最高部位开始,沿背中线向尾部慢慢移动,直到尾根为止(要保证从头到尾是一条直线)。注意梳子的拿法,梳子始终与爱犬体表呈一定倾斜角度。分缝时要有足够的耐心。

(2)前后肢的修剪:脚部应修剪平齐,如上所述,借桌子表面作为参照。蓬松密实的长毛从背部垂下一直平齐于脚边。为了整体效果,趾甲不能露于外面,脚垫也要修剪,以去除多余的丛毛。

(3)对宠物犬而言,腹部的毛不宜过长,应及时进行修剪。

第六章　宠物美容辅助措施

项目二十二　宠物染色技术

实训目标

掌握宠物犬染色前的准备，具备染色造型设计和修剪能力，学会宠物犬被毛染色技术。

实训材料

染色膏(多种颜色可供选择)、消毒棉球、灭菌纸巾、吸水棉花、棉棒、染色刷、染色碗、锡纸、塑料手套、直排梳、皮筋，分毛梳、吹风机等。

白色被毛的宠物犬。

实训方法和步骤

1. 实训准备

(1)准备好染色用具。

(2)在染色碗中调制好所需染色的颜色。

(3)准备需要染色的宠物犬，一般初次学习染色，选择白色被毛的宠物犬。深色被毛宠物染色前须先做漂白处理。

(4)染色前用刷子刷拭被毛，清理断毛和死毛。梳毛时，只把犬毛梳透即可，不用电剪做任何修饰。

2. 实训步骤

宠物染色操作过程见图 6-1。

(1)确定染色位置，设计并修剪染色的造型。原则上，身体任何部位均可染色，常见染色部位是耳朵、尾巴。如选择在身体上进行局部造型，应先修出造型的图案。因尾部与耳部毛质不同，尾毛应上两遍色。

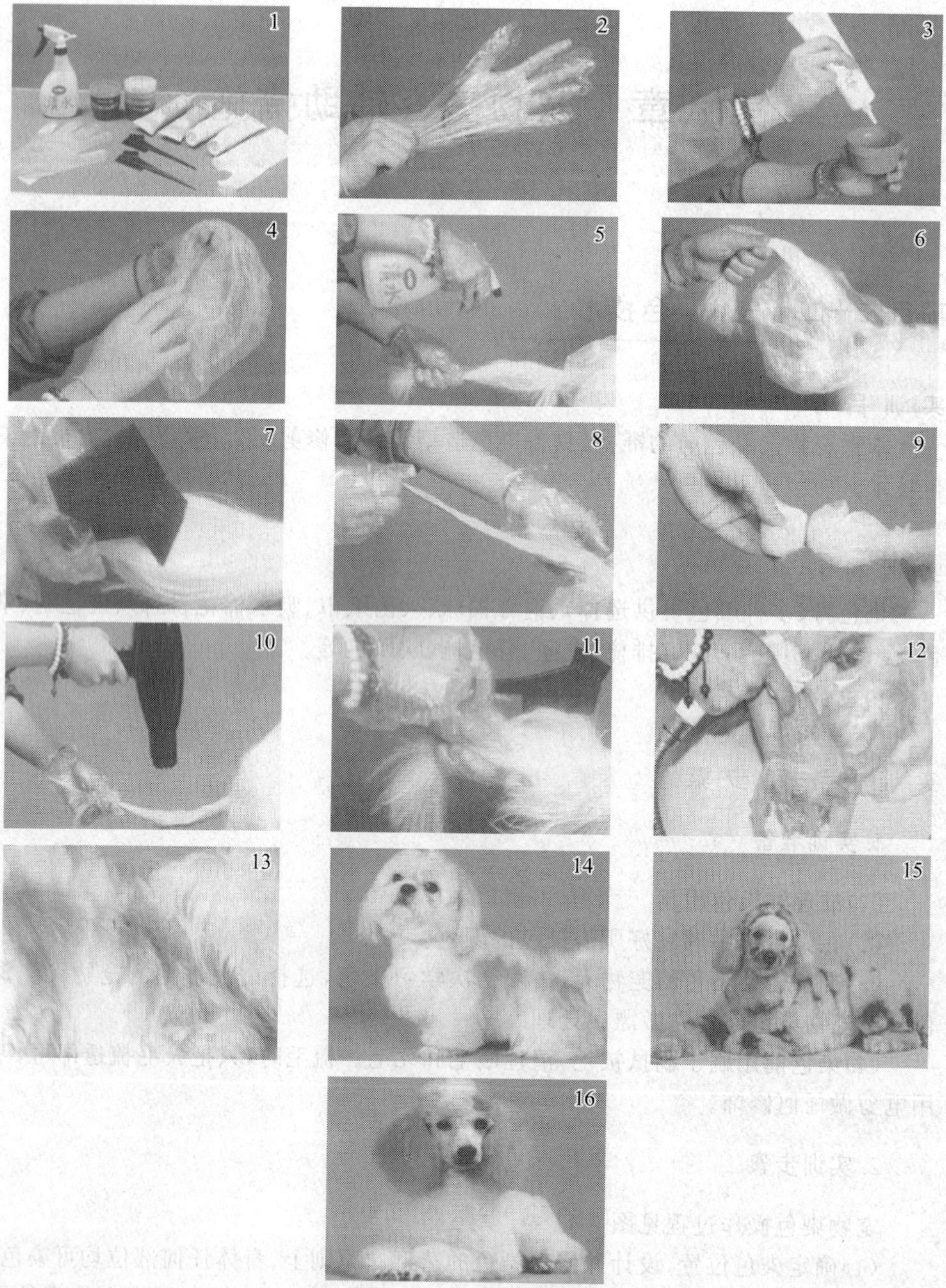

图 6-1 染色的操作过程

(2)带好塑料手套，将调制好的染色膏挤在毛发上，用染色刷均匀刷开，注意颜色要均匀，内外都要刷到。每进行下一步前，在毛根部用分毛梳划好线条。

(3)染毛顺序：背部、尾巴、耳朵(以防耳朵乱动，弄得到处都是)，刷过后用锡纸将上色的毛发包裹好。

(4)耳朵包好后皮筋也要扎在有毛处，先用水把背毛抹一点，最后染的耳朵要多抹一点。

(5)用吹风机吹 10～15 min。

(6)打开锡纸，将染色部位用清水冲洗干净，吹干。

(7)按照犬的品种和体型特点，梳理被毛，整理并修饰全身体表及其被毛，佩戴发带。染过色的犬，不要用白毛专用洗毛液洗澡，以免染过的颜色变旧。

实训结果考核标准

(1)叙述宠物染色的目的和意义。(标准分值 10 分)

(2)宠物造型染色应注意哪些事项？(标准分值 20 分)

(3)如何评价染色膏的优点和缺点？怎样选择适合宠物的染色膏？(标准分值 20 分)

(4)提供宠物染色所需的工具、实习动物和用品，在规定的时间内要求学生完成下列评估内容。

实训结果考核表

评估内容	标准分值	评估方法	评估标准	得分
染色准备	20	口述 操作	准确口述染色工具准备、染色操作，染色后梳毛，25 分。按实训要求做好染色准备，染色过程和染色后处理，50 分。口述正确、操作规范得 90%分值者优；口述正确、操作基本规范得 80%～90%分值者良；口述基本正确、在教师的指导下完成操作，得 60%～70%分值者合格；在教师的指导下无法完成者不合格	
染色技术各环节操作要点	20	口述 操作		
染色后的处理方法	10	口述 操作		

实训资料单

宠物染色是宠物形象设计的重要内容之一，采用宠物美容方法将宠物身体特定部位或全身被毛用染色膏染成设计的造型，达到宠物主人特殊需求和宠物比赛形象设计的要求的美容过程。随着生活水平的不断提高，人们把自己装扮得时髦的同时，也希望自己的宠物时尚些、另类些。可以通过染色、穿衣装扮等方式，搭配出与众不同的宠物。宠物染色崇尚个性化的同时，通过染色，宠物自身存在的缺陷得到弥补和遮掩修饰，达到宠物美容的目的，符合宠物比赛的要求。

目前，宠物染色的样式大多是染耳朵或尾巴，把全身都染了的还不多，主要是价格比较贵。宠物染色的价格与体型大小、染色剂种类和使用量有关。以宠物犬染色为例，现在进口的染色剂一瓶100多元，如果仅仅是把狗耳朵和尾巴染成红色、头顶带花的样式，大概花一两百元，但是如果把松狮染成熊猫，大概需要使用6管染色剂，可能要上千元。

按照染色技术和材料不同，宠物染色可分为喂食染色和美容染色两类。喂食染色是指有目的地给宠物长期饲喂色素饲料，永久性地改变宠物被毛和裸露的可视皮肤黏膜的效果。喂食染色具有渐进式、永久性、全身性的特点。色素饲料有6种颜色属性(无、白、黑、红、蓝、绿)，喂食带有颜色属性的饲料，将会永久性地改变宠物颜色，变色效果属于渐进式，需长期喂食才能看出染色效果，且染色效果为宠物全身。现将色素饲料介绍如下。

色素饲料是为了给宠物增加被毛及可视黏膜颜色的饲料，主要成分是胡萝卜素和叶红素。国外已有人合成的叶红素和胡萝卜素。其作用是宠物食后，在体内产生红色色素，随着被毛的生长，色素在被毛及可视黏膜组织中集聚潴留而使毛色艳丽。人工色素每天喂宠物两次或两次以上，和胡萝卜素混合起来饲喂效果更好。在天然的西红柿果实中也含有大量的维生素和色素，宠物愿意吃可以多喂。在脱毛或换毛期间应该反复饲喂色素饲料，使换出来的被毛颜色深且鲜艳。维生素在阳光作用下易分解，所以人工合成的色素饲料不要存放时间过长，更不能在太阳下暴晒。

美容染色是按照宠物形象设计与造型，在美容院由专业美容师用宠物染色膏染色特定的部位或全身，来满足主人的需求，达到宠物比赛的要求的技术操作过程。其具有立即式、有时间性、可分部位染色的特点。美容染色的时效性一般在30天、90天、180天。市场上销售的宠物染色膏种类繁多，美国、欧盟、韩国是宠物美容大国，其进口的染色膏安全性高，基于染色、护毛、营养和除臭多种功能为一体，也有单一染色功能的染色膏。进口染色膏的价位比国产的高，一般每管在百元以上。宠物犬一般选用酸性染色膏，其染色原理是染色膏的化学结构利用了离子结合原理，是通过被毛表面以及表层的缝隙渗入到内部后产生颜色的。因此，无须通过碱性溶剂的膨胀方法以及脱色方法，对被毛没有伤害。除染色的用处以外，还能形成一层能修复被毛损伤的阳离子皮膜，由于这层皮膜覆盖了被毛表层，因此，具有调整毛发状态的作用，增加被毛的光泽，并可以使被毛变得滑爽。

宠物犬在染色以后,起初会非常不适应自己的新形象,可能会觉得自己怎么不像原来那么好看了呢?于是会郁闷,会不吃饭,不出门。此时,主人要时常夸它漂亮,告诉它经过美容之后的它很神气等来帮助树立自信心,几天以后就会适应,并且觉得自己的装扮能够赢得夸奖,也会越来越喜欢自己。而其他的犬,可能一开始会对它有陌生感,但几天以后,随着它们相处时间的增加,又会在一起玩耍了。

染色时应注意以下问题:

(1)宠物皮肤有伤口、水疱、湿疹,耳朵有毛病或身体有其他反常状态时,请勿使用染色膏;皮肤病或耳朵有毛病的不可进行染色。

(2)如果染色膏不慎掉在其他部位的毛上,不要擦。扎皮筋时一定要扎在有毛处,千万不可扎在皮肤等处,以免血液不流通,造成坏死。若不慎将染色膏碰到眼睛,请立即用清水冲洗。

(3)宠物染色所选择的颜色,除了主人的要求外,还应考虑季节、性别、犬种、比赛要求等因素。

(4)染色原料很难被清洗掉,所以在染色时请准备好毛套,避免其他部分不小心染到杂色。

(5)宠物染色一定要用宠物专用的染色膏,宠物专用染色膏的安全性甚至比人的染发剂还好。劣质染色膏而导致犬肾衰竭而死亡,尤其是幼小犬。宠物美容专业人员认为,如果黄色的松狮染成熊猫还是有危险的,毕竟要经过漂白,对身体不好。但是白松狮相对较安全,因为不用漂白。贵宾犬一般是白色的,染色也就没有太大危险。染色膏使用后,须加盖拧紧,注意不要放置温度过高或有阳光直接照射的地方。放在犬或小孩够不到的地方,以免误食中毒。

(6)识别宠物是否染色时,应从毛的根部看,就像染发一样。宠物的毛也是在生长的,天天都在长,从根部很容易就看得出来。如果染色,也不可能全身都是染色,只可能是哪一块的地方出现不同的毛色才可能去染色。注意观察宠物背上的毛。

实训作业

(1)为什么给宠物染色?

(2)举例介绍宠物染色种类、方法及特点?

(3)宠物染色时应注意哪些问题?

(4)简述宠物染色过程的各个技术要点。

项目二十三 宠物包毛技术

实训目标

熟悉宠物包毛前的基础美容工作内容，掌握长毛犬包毛前工具和用品的准备，学会长毛犬（如西施犬）的包毛技术。

实训材料

针梳、美容梳、洗眼水、棉花、灭菌棉花、棉棒、吸水纸巾、耳粉、止血粉、消炎粉、剪趾甲钳、焗油膏、直立式吹风机、直剪、弯剪、电剪、10# 刀头、营养水、分界梳、包毛纸、橡皮筋。

实训方法和步骤

1. 实训准备

准备基础美容的工具及用品。

进行基础美容：

(1)刷毛：用针梳先梳理，再用美容梳梳理通顺。

(2)眼部清洗：可用洗眼水及棉花清理眼垢，以保持干爽，防治眼睛感染。

(3)清洗耳部：需拔耳毛。

(4)修剪趾甲。

(5)洗澡：耳朵要塞棉花，挤肛门腺。

(6)焗油。

(7)吹干：用直立式吹风机，不可用吹水机。

(8)修剪脚底毛。

(9)修腹底毛：用 10# 刀头电剪。

2. 实训步骤

宠物包毛操作过程见图 6-2。

(1)准备好包毛工具和用品。

(2)从尾巴开始，先喷营养水，再用分界梳把尾毛分成两部分，叠好一张包毛纸，将其中一股尾毛包住。

(3)拉直包毛纸，裹住尾毛。

(4)将包毛纸向上折一次，向下折一次再向上折一次，分 3 次折叠好包毛纸。

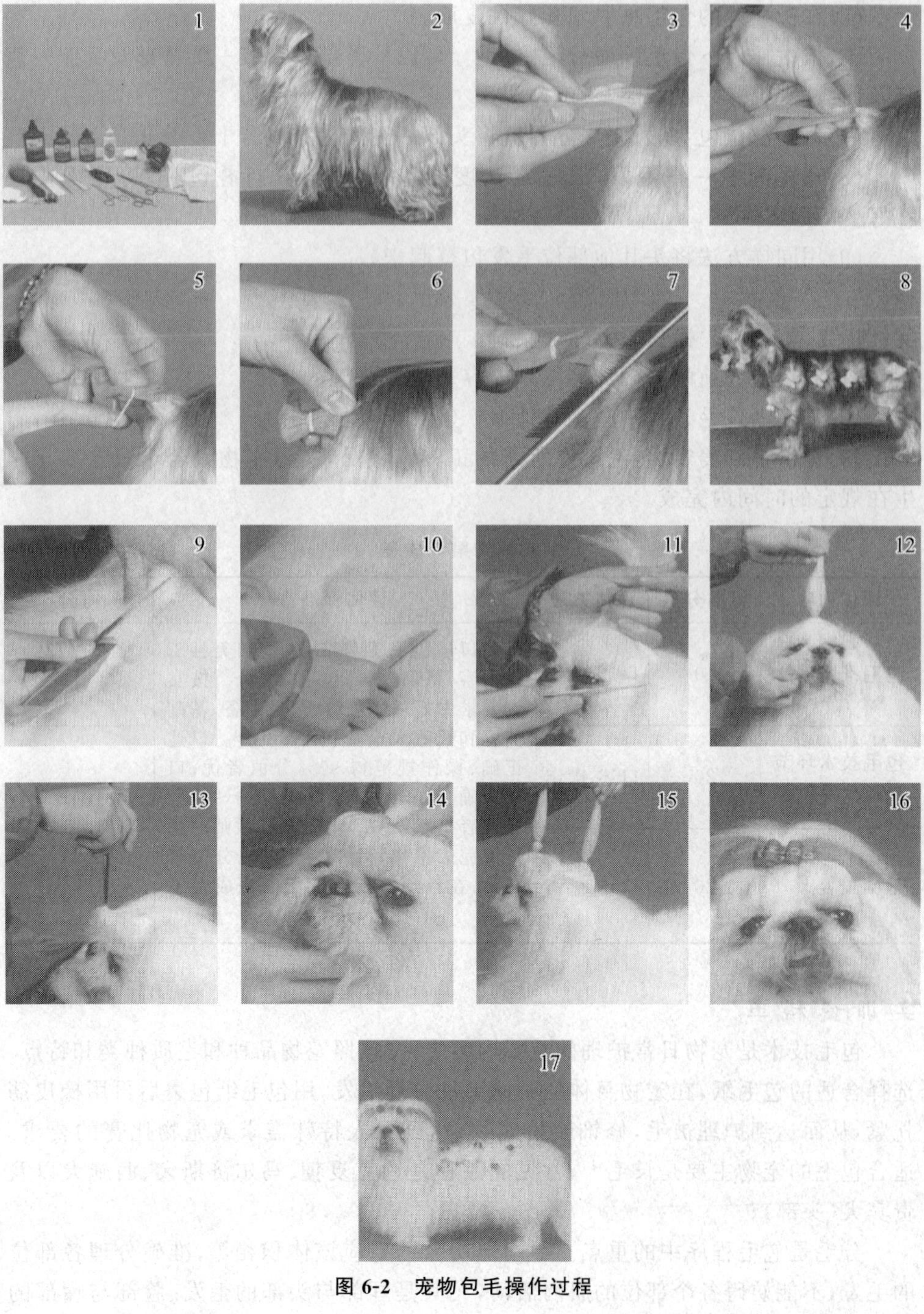

图 6-2 宠物包毛操作过程

(5)在折叠好的包毛纸中间扎好橡皮筋。

(6)依次按以下包毛顺序分毛、包毛。尾巴—臀部及后肢—腰背部及身躯—肩部及前肢—前胸部—颈部—头部。

(7)每个部位包毛时,先用分界梳将头部一侧的毛分成若干小沓儿。

(8)选择其中一沓毛发,取一定长度的包毛纸,将其折叠包裹,再用橡皮筋扎好。

(9)用同样方法将头其他部位毛发包裹起来。

实训结果考核标准

(1)叙述包毛前的基础美容工作内容。(标准分值 25 分)

(2)长毛犬包毛过程中应注意什么?(标准分值 25 分)

(3)提供基础美容、包毛工作所需的工具和用品,实习宠物犬若干只。要求学生在规定的时间内完成。

实训结果考核表

<table>
<tr><th>评估内容</th><th>标准分值</th><th>评估方法</th><th>评估标准</th><th>得分</th></tr>
<tr><td>包毛准备</td><td>10</td><td>口述 操作</td><td rowspan="3">准确口述包毛工具准备、基础美容工作内容,臀部、尾部包毛,25 分。按实训要求做好基础美容、包毛准备,基础美容和长毛犬全身包毛,50 分。口述正确、操作规范得 90%分值者优;口述正确、操作基本规范得80%～90%分值者良;口述基本正确,在教师的指导下完成操作,得 60%～70%分值者合格;在教师的指导下无法完成者不合格</td><td></td></tr>
<tr><td>包毛技术环节操作要点</td><td>20</td><td>口述 操作</td><td></td></tr>
<tr><td>基础美容</td><td>20</td><td>口述 操作</td><td></td></tr>
</table>

实训资料单

包毛技术是宠物日常护理的重要内容之一,按照宠物品种和毛质种类和特点,选择合适的包毛纸,在宠物身体的不同部位分理毛发,用包毛纸包裹后再用橡皮筋扎紧,从而达到护理被毛,修饰装扮宠物,达到主人特殊需求或宠物比赛的要求。适合包毛的宠物主要是长毛犬,常见的品种是约克夏㹴、马尔济斯犬、西施犬以及贵宾犬(头部)。

分毛是包毛程序中的重点。原则上所分的毛应该体积相等,准确分理各部位的毛发,不能妨碍各个部位的肌肉活动,尤其是耳部与头部的毛发、脸部与嘴部的毛发，一定要先分清，再进行包裹。

包毛时应注意以下事项：

(1)首先要了解宠物犬的毛质和颜色，看看选用什么样的用品包毛，有些犬毛质不好，包上一天打开的时候里面就会结成片状，很难打开，浅色被毛的犬，如果使用一些含油性的用品毛色会渐渐变黄。

(2)选用一种质地最合适的包毛纸，包毛纸的材质不同，包出来的效果也不同，选用不同的材质所用的手法和折法也不同，所以最后包出的效果也不太一样。

(3)包毛的过程中要配合一些护理用品，这个也是要根据犬的毛质和它的生活环境来定的，不同的毛质的犬在不同环境下要用不同性质的护理用品，以获得合理充分的营养。

(4)包毛过程中会遇到一个问题，就是在打开包毛纸的时候，发现毛的根部有环形缠绕的地方，如何去解决这个环形缠绕有很多细节。美国人护理会把毛量很大的犬的被毛削掉至少一半的毛，以便平时打理，但这个方法肯定不适合国内，因为国内很多人还停留在注重毛密度和长度的阶段上。国外包毛技术最好的应该是日本和韩国，如果严格按照他们的方法更是麻烦得很，也不适合我国的犬。

总之，包毛要根据主人的条件和宠物犬的具体情况来定，经过长期摸索，一定会找到适合自己爱犬的包毛方法。

实训作业

(1)为什么要给犬包毛？

(2)什么样的犬需要包毛？

(3)长毛犬包毛时应注意哪些问题？

(4)宠物包毛前应做哪些基础美容工作？

项目二十四 宠物形象设计与服装搭配技术

实训目标

掌握宠物形象设计用品和工具的准备，学会宠物发带佩戴、毛发拉直、头冠造型、面部修剪、尾部修剪、体尺测量技术。

实训材料

各类发带、蝴蝶结、发夹、分界梳、排梳、美容纸、包毛纸、橡皮筋、软尺、啫哩水、摩丝、被毛拉直器、吹风机、直剪、弯剪、刮刷、美白剂、拉直液、护毛素、体重秤。

实训方法和步骤

1. 实训准备

准备给犬佩戴的发带(或蝴蝶结)、毛发拉直、头冠造型、贵宾犬面部和尾部修剪的工具和用品。

2. 实训步骤

下垂犬耳的发带佩戴

(1)用梳子认真梳理耳部的犬毛,注意不要让耳朵旁边的犬毛漏出来。

(2)多取一点犬毛来佩戴发带。取毛过少发束上的活发带易扭曲,也容易造成断毛。美容纸事先折好(折缝一般 6 mm 左右),将会使操作容易些。

(3)把美容纸按照所需长度向内折叠几次,用梳子按住犬毛,防止卷进去。折叠前用手按住美容纸的根部,沿着毛流方向把犬毛向耳朵一侧归拢,略向内卷,能增加发带的稳定性。

(4)佩戴发带的位置及大小。最佳的位置如图 6-3 所示:耳宽的中线与眼高的交叉点。这样,即使是耳朵很高的家犬摇晃耳朵或抬头的时候,发带也不会翻掉或者跑到头顶上去。

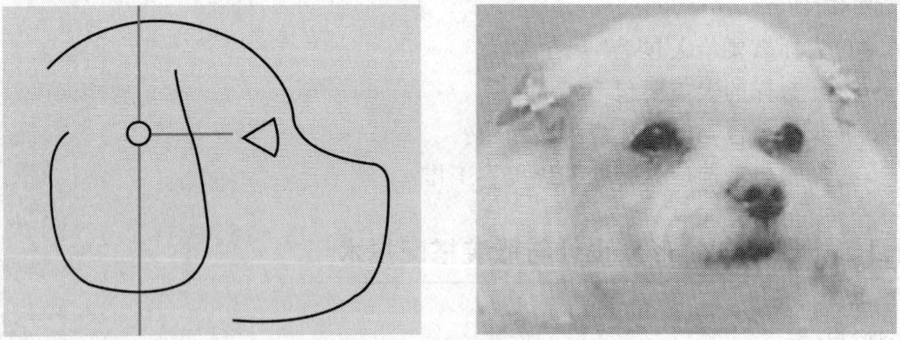

图 6-3　佩戴发带的位置

(5)左右平衡,发带佩戴完毕。

(6)佩戴位置过高,随着耳朵的上下运动,发带会不断地碰到头顶。图 6-4 所示和修剪台平行制作的发带,明显不能与毛流融合。另外,取的犬毛过少很容易造成扭曲或折断,也不要为了将所取犬毛都藏到发带后,而将美容纸折叠得过小。

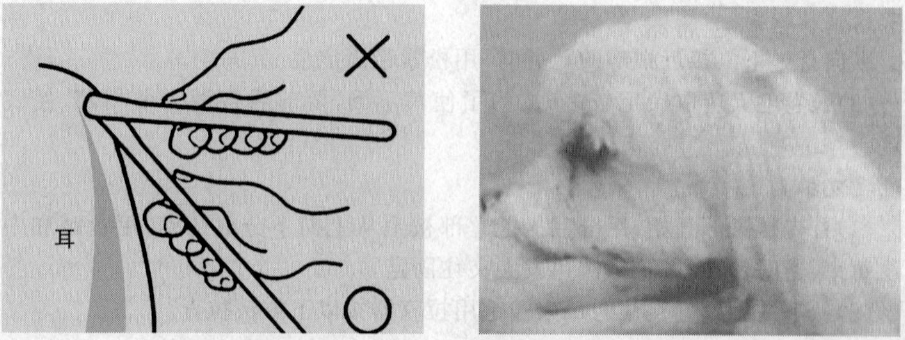

图 6-4　扎发带时耳朵被毛的角度

立耳犬的发带佩戴

(1)根据犬毛的长短,将美容纸折好,毛尽量多取一点。沿着犬毛的生长方向,将发带戴好。

(2)与耳朵的位置关系。为佩戴发带而包取的犬毛不要碰到耳朵。发带向前倾倒时,把其底部做成图 6-5 中那样,就会稳定了。

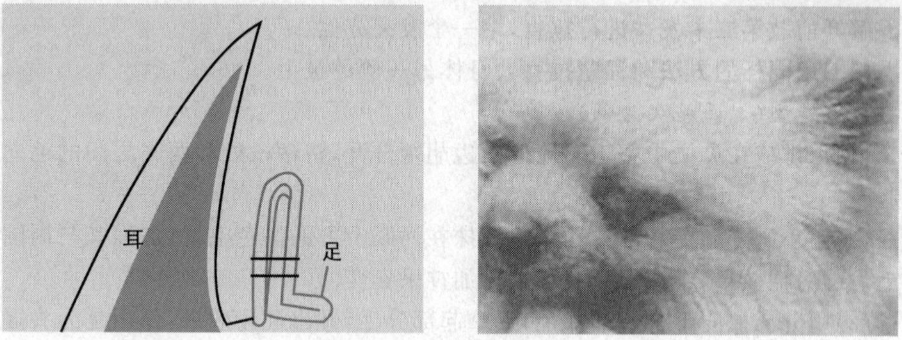

图 6-5　立耳犬的发带佩戴

头顶的发带佩戴　为防止弄伤皮肤和犬毛,取毛时应按住发线一部分一部分地,加以调整地选取。千万不要把头皮揪起。

(1)将头部的犬毛用刮刷和梳子彻底梳理后,用梳子沿眼角后一指处将发线分开。这条线在梳理的过程中一点点地改变,切记不要弄痛分割处的皮肤和犬毛。

(2)在保证美容纸的切口不碰犬毛的情况下,将其向内折。这时,需确认这个部分的皮肤是否被揪起,形成皱褶。从美容纸的上方用手指将其根部牢牢按住。

不要松弛和脱离。

纵向折3下。接近根部的地方时,用松紧带固定住。

(3)长卷毛犬所取犬毛较多时,为了使其不倒,要前后各做一个“脚”,使底部稳定。

毛发拉直

(1)首先从臀部开始,用分毛梳把臀部被毛从上向下分成几束,用食趾和中指夹注每束,逆时针拧紧后,依次用发夹夹住固定。

(2)从下往上解开夹住的每束被毛用拉直器按以下方法拉直。

(3)选定所要拉直的毛发。

(4)喷毛发拉直液。

(5)将毛发拉直器温度调到140℃,夹住毛发并拉直。

(6)分层逐渐放毛,重复上述步骤逐渐拉直。没有一次拉直的毛发可以重复拉直。

(7)用分界梳把一侧身体的毛发分成4部分:后肢、腰、背、前肢。

(8)分出腰部的毛发,重复上述毛发拉直的方法拉直。

(9)前肢的毛也像后肢一样,挽出两个花,分别用发夹夹住,剩余等量的毛待拉直。解开前肢第二个发夹进行拉直,第一个发夹亦然。

(10)用同样的方法和程序拉直犬身体另一侧的被毛。

头冠造型(以西施犬为例)

(1)用排梳在鼻梁中心均匀地把两边胡须分开,将额段处和两眼之间的毛向上梳起。

(2)用小刷子蘸黑彩细致均匀地涂抹在两眼上方的黑色毛发,加强其与周围黄色毛发的对比效果,会让犬只看起来更加神采奕奕。

(3)用分界梳向下推头部被毛,手拿起部分毛,做出乱妆效果,作用是为头冠打基础。

(4)经反复向上梳理并做乱妆效果,头部拱形已经开始显现,此时需要准备在拱形上涂抹的啫喱水。

(5)用手指蘸啫喱水开始涂拱形部分。

(6)涂抹啫喱水完毕后仍然用分界梳精心梳理,使质感达到最大。

(7)将涂抹好啫喱水并做好的拱形部分用橡皮筋扎起。

(8)用分界梳挑起耳缘至眼睛外侧的毛。把这部分毛发梳起并用双手抓牢,原则是这部分毛发要多于刚才做好的拱形处的毛。扎好橡皮筋,一定要扎紧。

(9)将扎好橡皮筋的两部分毛，再用橡皮筋连成一体。在橡皮筋连接处系好蝴蝶结。

(10)将蝴蝶结上面的毛分成3部分，分别在毛根部用橡皮筋扎好。向上提起头部所有的毛，用卷发器拉起并由上至下推卷，坚持大约10 min。

(11)将这三部分毛再分别推卷一次。在这个部位开始做乱妆。在中心部位喷少量的定型摩丝。头冠两侧也要喷少量的定型摩丝。再用梳子和手指整理成形，头冠后面的效果就显现出来了。用头部定型液均匀地涂抹在拱形处。

(12)挤出美白剂美白胡须。最后用分界梳给胡须做乱妆，这是西施犬特有的美容方法。

面部修剪(以贵宾犬为例)

(1)用15#刀头电剪首先在眼角处修一条平直线，从耳朵前面开始到外眼角，剪去耳前部所有的毛发。

(2)继续剪去脸颊及脸两侧的毛发。

(3)两侧脸部都修完后，在两眼之间剪一个倒“V”形。

(4)抬起犬的头，从喉结下方开始剪到双耳的前部，修剪过的部位呈“V”形项链状。

尾部修剪(以贵宾犬为例)

(1)从犬背后，一手抓住犬的尾部，修剪尾根至与身体的结合点为止。

(2)修剪另一侧尾根，使修剪的部位呈倒“V”形。

(3)尾部修剪1/3毛发。

(4)根据尾巴的长短，调整毛团的位置。

体尺测量

(1)在给宠物选择或制作宠物服装前，必须测量宠物身体体尺和体重，以便选择合适的宠物服装。

(2)准备好体尺测量用的软尺，校正体重秤指示针至“0”刻度。

(3)测定胸围——前脚根附近，胸部最胖的地方。

(4)测定颈围——颈圈。

(5)测定腿间距——前腿间的胸宽度。

(6)测定袖长——从肩部算起，决定袖长。

(7)测定身长——头(脖圈附近)至尾根。

(8)用体重秤测量体重。

实训结果考核标准

(1)试述头冠造型设计在宠物形象设计中的地位和意义。(标准分值 25 分)

(2)为什么在宠物服装搭配设计前要进行体重和体尺测量?(标准分值 25 分)

(3)提供宠物形象设计所需的工具、实习动物和用品,在规定的时间内要求学生完成下列评估内容。

实训结果考核表

评估内容	标准分值	评估方法	评估标准	得分
发带的佩戴	10	口述 操作	准确口述体尺测量项目、被毛拉直要点,面部、尾部修剪要点,25 分。按实训要求做好发带的佩戴、被毛拉直、面部修剪、体尺测量、尾部修剪,50 分。口述正确、操作规范得 90%分值者优;口述正确、操作基本规范得 80%~90%分值者良;口述基本正确、在教师的指导下完成操作,得 60%~70%分值者合格;在教师的指导下无法完成者不合格	
被毛拉直	10	口述 操作		
面部的修剪	10	口述 操作		
体尺测量	10	口述 操作		
尾部的修剪	10	口述 操作		

实训资料单

宠物形象设计是根据宠物的体型、体重、被毛、性格、品种等特点,按照宠物展示及比赛规定的要求和主人特殊美容需求,应用宠物美容护理技术,对宠物外在形象塑造美化的过程。主要包括宠物日常洗澡护理、佩戴发带及其他饰物,各种犬的造型、泪痕漂白、染色焗油、被毛包裹、被毛拉直,量体制作各种宠物服饰服装等服务。

俗话说"看宠物先看头"。宠物头冠造型设计制作中,为宠物佩戴装饰发带是宠物头部美容的重要内容。学会正确的佩戴方法和梳理后的服务方法,对宠物形象设计,避免意外的发生是非常重要的。家犬发带的位置很多,如垂耳、立耳、头顶或左右各打一个结等。无论在哪个位置上,基本原则是不能弄伤犬的皮肤,也不要伤了犬的皮毛。最重要的是要注意选取适当的位置和包裹的犬毛数量。将一次性取出的犬毛放在美容纸上用手指按住,既不要太松,也不要太紧。目前,无论是美容师，还是宠物主人自行操作，为自己的爱犬购置短项链或是佩戴发带的人正在增多，作为职业美容师，对于有关情况更应很好地把握。职业美容师必须了解美容修饰材料的基本知识。下面谈谈美容修饰材料的选择和应用。

美容纸　为保护犬毛而将其包卷起来时的用纸。从厚度和质量来看，有各种各样的种类。其中运用最广泛的是由聚乙烯材料制成的美容纸。另外，颜色和式祥也各有不同，用户可以自由选择。

耳朵是经常活动的部位，因扭动会经常出现断毛或起球的现象，用美容纸包扎时应多取些犬毛。这样即可以加强稳定性，也可以分散每根犬毛所受的外力而不易被拉断。

松紧带　目前市场上可以购到色彩鲜艳的各类松紧带，大多是为配合发带和美容纸而生产的，也有直接戴到犬身上，不需要美容纸的松紧带。

发带　发带的种类、式样很多，但是易和犬毛缠到一起，被误食后会伤害内脏的和带有会发出很大声音的铃铛类的发带最好不要选用。这一点和选用脖子处的装饰品一样。佩戴发带处理不当，可引起血流不畅、误食、互相撕拽弄伤犬毛等不良后果，根据情况甚至可以拒绝提供该项服务，并要说明与可爱相比，安全是第一位的。

正确使用的发带通常不用很快取下来。但如果发现发带摇摇晃晃，或者家犬讨厌其碰耳朵而用爪子抓它，应立即将其取下。戴头顶发带时，如果取毛时分开的发线不是一点点细细地分成的话，犬毛和皮肤等可能受到损伤。如果发带掉了，需要重新戴好的时候，宠物的主人最好不要自己动手，而应携犬到美容院来寻求帮助。

给犬修剪被毛，有的人以为像给人理发一样，犬主可以按照自己要求的意愿给犬任意修剪。其实不然，给犬修建被毛的目的是尽量掩饰犬的缺陷，夸大它的长处，以便拥有该犬种应有的理想形象。各种犬的理想造型是不一样的。一般的修剪原则是：头小的犬，要把头上的毛留长些，并剪成圆形，而且脖子上的毛要自然垂下，耳朵部分的毛也要留长，这样形状才会美观；头大的犬，就得想办法将头上的毛剪短，而脖子上的毛就不需要剪短；脸长的犬，应将鼻子两侧的胡子修圆，方能强调重点；眼小的犬，把上眼毛剪掉约两排，看起来就有把眼放大的作用；脖子短的犬，可修剪脖子上的毛来改善形状，并且在颈中央剪深点，能使脖子看起来长些；躯体长的犬，如果把胸前或臀部后方的毛剪干净后，用卷毛器把躯体的毛卷的蓬松一点，会使躯体有缩短的感觉；背部低而较短的犬，可以像躯体长的犬一样，前后剪短，并且将脚部的毛剪成略细的棒状，看起来就高了；X 型或 O 型腿的犬，只要把腿上的毛留长些，使腿部看起来粗直就行了，臀部大的犬，应把臀部的毛整个剪短，使躯体略为倾向后方就能掩饰缺点；胖乎乎的犬，最好把全身的毛剪短，脚剪成棒状，能使身体显得瘦些；驼背的犬，最好不要剪脖子上的毛，而把背上的毛剪短，并尽量把肩部和腰部的毛留长，这样看起来身体就不会弯曲了。

宠物外形设计需要创意美容，即根据宠物自身条件体形来设计。松狮长得就像熊猫，而贵宾犬腿长脸瘦头小，设计成小驴就很像。在被毛造型上，贵宾犬以它雍容华贵的大披肩造型而为人熟知，苏格兰、威尔斯等犬类也都有各自充满个性的固定造型。对比赛型的宠物来说，被毛修剪和造型尤其重要。不同品种的宠物，有关宠物组织严格规定了被毛修剪和外形造型。修剪标准是根据各国相关组织一致认同的修剪方式及造型，任何一个美容师都应该熟悉这一标准，多看展会和照片会给你更多的感性认识。以贵妇犬为例，评委在比赛中对梳理和修剪及造型进行以下重点测评：

(1)根据犬的形态和品种特征正确修剪。

(2)修剪技艺和所剪样式的线条。

(3)完成后的光滑程度。

(4)比例、平衡及协调程度。

比赛中会扣分的缺点：

(1)不光滑的图案和线条。

(2)毛发有缠结。

(3)脚趾与肉垫间有泥。

(4)不平衡的修剪(头结与尾部绒毛不协调或左侧毛发比右侧长)。

(5)耳朵不干净。

(6)修剪角度太大。

无论是家庭型宠物还是参加比赛的宠物，日常护理和洗澡是宠物形象设计的基础性工作，比赛前，被毛不干净、被毛缠结、长度达不到标准、没有修剪趾甲和耳毛、有皮肤病或毛发上有跳蚤及其他问题的犬会失去参赛资格。

近年来，由于国民生活水平的普遍提高，宠物的消费也在日益增长，消费品的层次也花逐渐提高，宠物的健康得到了重视，宠物穿衣被广泛认同，人们可依个人爱好选择或制作宠物服装。以西施犬的服装设计搭配为例。西施犬根据自身的条件和生活环境可分为赛级西施和宠物级西施，在美容中则分为西施赛级装和西施宠物级装。赛级装就是对各方面条件符合比赛标准的西施设计的比赛造型，对于有些条件够不到比赛标准或者并不作为比赛用途只是作为家养宠物的西施犬，它们的日常生活装束就是西施的宠物级装。

宠物服装设计搭配中面料的选择很关键，选择面料时要考虑到耐洗、结实、纯棉等因素，不要使用化纤材质的布料，这样很容易引起过敏。制作宠物服装应根据品种制作。因为品种不同，性格、体型等方面有一定的差异，可根据不同品种来制作不同款式、不同风格的宠物衣服（图 6-6）。

图 6-6 服装搭配效果

实训作业

(1)宠物形象设计有何意义？其服务内容包括哪些方面？

(2)被毛拉直适合哪些宠物？

(3)宠物佩戴发带应注意哪些事项？

(4)为什么给宠物服装设计制作前要测定体重和体尺？体尺测量包括哪些内容？

(5)谈谈你对宠物外形设计和被毛造型的认识和理解。

第七章　犬整形术

项目二十五　立耳术

实训目标

了解宠物犬立耳术的手术准备和术后护理，学会犬立耳术的每个手术操作环节的技术要点。

实训材料

手术刀、止血钳、镊子、止血纱布（块）、止血敏、缝合针、缝合线、断耳夹子或肠钳、脱脂棉、绷带、酒精棉球、碘酊、保定带、0.25%～2%普鲁卡因溶液、846 合剂、5 mL 一次性注射器

实训方法和步骤

1. 实训准备

(1) 手术犬的准备：

术前 12 h 禁食，术前 2～4 h 禁止饮水。

术前 1～2 h 注射止血敏，以防止手术中大量出血。

(2) 手术犬保定：

动物伏卧保定，口腔用保定带捆紧，防止咬伤手术人员。

安排宠物犬主人或其他辅助人员在整个手术过程中固定犬头部，以便手术顺利进行。

(3) 手术犬全身麻醉：

846 麻醉合剂。按每千克体重 0.04～0.08 mL 肌内注射，3～5 min 开始麻醉，麻醉可持续 1～2 h。

(4)确定手术部位：

将下垂的耳尖向头顶方向拉紧伸展，用尺子测量所需耳的长度。测量是从耳郭与头部皮肤折转点到耳前缘边缘处。

留下耳的长度用细针在耳缘处标记下来，将对侧的耳朵向头顶方向拉紧伸展，将两耳尖对合，用一细针穿过两耳，以确实保证在两耳的同样位置上做标记，然后用剪子在针标记的稍上方剪一缺口，作为手术切除的标记。

(5)术部剪毛并常规消毒：

两耳手术区背侧、腹侧剪毛后剃毛。

1%～2%来苏尔洗刷手术区及周围皮肤，自然风干或纱布擦干。

第一次涂擦5%碘酊。

耳部皮下注射0.25%～2%普鲁卡因溶液，局部浸润麻醉。

第二次涂擦5%碘酊。

术部隔离。

70%酒精脱碘。

(6)手术过程：

一对稍弯曲的断耳夹子或肠钳分别装置在两耳上，装置位置是在标记点到耳屏间肌切迹之间，并可能闭合耳屏。

每个耳夹子的凸面朝向耳前缘，两耳夹装好后两耳形态应该一致，牵拉耳尖处可使耳变薄些，牵拉耳后缘则可使每个耳保留的更少些。耳夹子固定的耳外侧部分，可以完全切除，而仅保留完整的喇叭形耳。

当犬的两耳已经对称并符合施术犬的头形、品种和性别时，在耳夹子腹面耳的标记处，用锐利外科刀以拉锯样动作切除耳夹的腹侧耳部分，使切处平滑整齐，除去耳夹子，对出血点进行止血，该血管位于切口末端的2/3区域。

止血后用剪子剪开耳屏间切迹封闭的软骨，这样可使切口的腹面平整匀称。

用直针进行单纯连续缝合，从距耳尖0.75 cm处软骨前面皮肤处进针，通过软骨于对面皮肤处出针，缝线在软骨两边形成一直线。

耳尖处缝合不要拉得太紧，否则会导致耳尖腹侧面歪斜或缝合处软骨坏死。

缝合线要均匀，力量要适中，防止耳后缘皮肤折叠和缝线过紧导致腹面屈折。

2.术后护理

大多数犬耳手术后不用绷带包扎，待犬清醒后解除保定。丹麦猎犬和杜伯文犬，耳朵整形后可能发生突然下垂，对此可用绷带在耳基部包扎，以促使耳直立。术后第七天可以拆除缝线，拆线后如果犬耳突然下垂，可用脱脂棉塞于犬耳道内，并用绷带在耳基部包扎，5 天后解除绷带，若仍不能直立，再包扎绷带，直至耳直立为止。

实训结果考核标准

(1)哪些犬品种适合做犬立耳手术？其手术前应做好哪些准备？(标准分值 20 分)

(2)请说明立耳手术保定麻醉的过程和注意事项？(标准分值 30 分)

(3)提供宠物犬立耳手术所需的器械、药品和用品，实习宠物犬若干只。要求学生在规定的时间内完成。

实训结果考核表

评估内容	标准分值	评估方法	评估标准	得分
手术药品器械准备	10	口述 操作	准确口述手术器械准备、宠物保定，术部备毛、消毒和术后护理，25 分。按实训要求做好手术准备，保定麻醉、手术过程各环节技术要点和术后护理，50 分。口述正确、操作规范得 90%分值者优；口述正确、操作基本规范得 80%～90%分值者良；口述基本正确、在教师的指导下完成操作，得 60%～70%分值者合格；在教师的指导下无法完成者不合格	
手术犬保定麻醉	10	口述 操作		
手术过程技术要点	20	口述 操作		
术后护理	10	口述 操作		

实训资料单

随着人们欣赏水平的提高，宠物美容外科已逐渐融入人们日常生活之中，其中，断切外科术就是一个重要部分。宠物断切美容术就是指以美容为目的，为使宠物达到某一品种特色及人为要求标准而进行的机体特定组织的外科切除术。立耳术、裁耳术、断尾术、断趾术是宠物犬和毛常见的美容断切外科手术，实施断切外科美容术时，应遵守以下原则：

(1)手术的最终结果是美化宠物体型、外貌。

(2)切实做好手术止血，若手术失血过多应予以补液。

(3)手术力求迅速，防止过多失血或软组织干化。

(4)较大动静脉不可同时结扎，防止形成动静脉吻合瘘。

(5)宠物必须在健康状态下方可施术。

立耳术又称直耳术、竖耳术、耳修整术，就是在犬耳朵的基础上剪掉它们 2/3

的包括耳郭的部分，以此来使天生垂耳的犬的耳朵能够向上方生长的手术。宠物做立耳术的目的包括3个方面：一是像杜宾犬，作为工作犬种的一个品种，杜宾犬被要求需要有高贵的气质、警惕的神情、神气的外表。做过立耳术的杜宾犬显然比没有做过的能够更加体现以上这些特征。二是像雪纳瑞等一些㹴类犬种，因为它们的耳道的结构比较复杂，里面长满了硬硬的杂毛，又不会掉，经常会刺激到它们细嫩的耳道表皮，又容易滋生细菌导致很多耳部疾病，所以一般对于这类犬种，人们也给予其实施立耳手术。三是比赛型或展示型犬，在宠物展示中品种标准中规定的必须做立耳术，一律要实施过立耳术以后，再来参加比赛，以此来展现出这一犬种的独特魅力。对于大多数家庭宠物犬，如果主人没有特殊的需求，就不一定来做立耳术。常见的在标准中规定需要做立耳术的犬种：杜宾犬、雪纳瑞犬（迷你、标准、巨型）、大丹犬、拳师犬。

杜宾犬做立耳术的最佳时期是2月龄，体重达到6 kg以上的幼犬。如果年龄太大或是过早，手术都是有风险的。另外，体质太弱的犬，手术对于它们来说也是有可能致命的，也许它们连麻醉这一关都过不了。

一般术前12 h都是不允许犬进餐的，以防止打过麻醉以后发生呕吐的时候食物会卡住气管造成窒息。另外还要打止血针，防止在术中流血过多。在实施全麻后，要进行一下剪毛，然后对手术部位进行全面认真的清理和消毒，手术就可以开始了。

实训作业

(1)请举例说明犬立耳术的目的和意义。

(2)犬耳部消毒应注意哪些事项？

(3)犬立耳术中可能出现哪些症状？手术前应采取什么措施？

(4)犬立耳术后耳立不起来怎么办？

项目二十六　裁耳术

实训目标

了解宠物犬裁耳术的手术准备和术后护理，学会犬裁耳术的技术要点。

实训材料

手术刀、止血钳、镊子、止血纱布（块）、止血敏、缝合针、缝合线、断耳夹子或肠钳、脱脂棉、绷带、酒精棉球、碘酊、保定带、0.25%～2%普鲁卡因溶液、盐酸氯丙嗪、5 mL 一次性注射器。

实训方法和步骤

1. 实训准备

(1)手术犬的准备：

术前 12 h 禁食，2～4 h 禁止饮水。

术后 1～2 h 注射止血敏，以防止手术中大量出血。

(2)手术犬保定：

动物腹卧保定，带上口笼并保定好，防止咬伤手术人员。

安排宠物主人或其他辅助人员在整个手术过程中固定犬头部，以便手术顺利进行。

在犬的耳道中塞入脱脂棉球，以防手术中血液流入耳道。

(3)手术犬全身麻醉：

盐酸氯丙嗪。按每千克体重 1～2 mg 肌内注射，麻醉可持续 1～2 h。

(4)确定手术部位：

首先确定好始切点和预切线，始切点一般选在内耳缘上(图 7-1)，可由断耳长度确定。预切线是指从始切点平行于耳外缘至耳基处耳郭外中 1/3 处的一假想切除线。

(5)术部剪毛并常规消毒：

两耳手术区背侧、腹侧剪毛后剃毛。

1%～2%来苏尔洗刷手术区及周围皮肤，自然风干或纱布擦干。

第一次涂擦 5%碘酊。

耳部皮下注射 0.25%～2%普鲁卡因溶液，局部浸润麻醉。

第二次涂擦 5%碘酊。

术部隔离。

70%酒精脱碘。

(6)手术过程：

从始切点沿预切线用肠钳切实夹持耳郭，夹持终点位于耳舟嵴状隆起处，其长度约占预切线总长度的 2/3(图 7-2)。

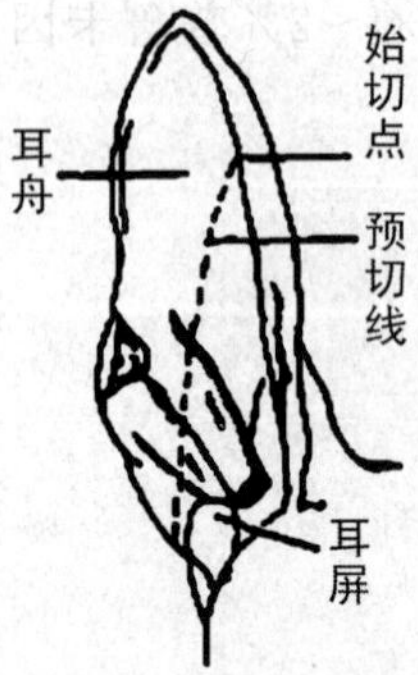

图 7-1　犬耳示意图

图 7-2　钳夹示意图

用手术刀贴在肠钳外缘向前移行，剪切耳外缘并于肠钳夹持终点处停止。

松动肠钳，并切实止血，用剪刀圆滑地沿预切线剪除剩余 1/3 部分，至耳珠软骨处停止。

再从耳外缘与头部接触点稍上方剪至耳珠软骨即可分离断耳。

最后修整耳形，使其外观鞍为平整、光滑。

一侧断耳完毕后，可用此断除部分覆盖于对侧耳郭上，在切实保证完全对合的情况下，可用剪刀沿对合线迅速完成对侧耳断切术。

充分止血，撒布消炎粉或青霉素抗生素。

缝合。断耳皮肤缝合应分两种不同的方法，耳基处 1/3 部分可作单纯间断缝合，从切点开始向前 2/3 部分则可用简单连续缝合法。其中耳背侧皮肤较为松动，可翻过耳软骨再和耳舟侧的皮肤缝合，这不仅有利于术后愈合，还可减少疤痕形成。

用纱布和脱脂棉包裹，外面戴上耳绷带。

2. 术后护理

犬戴上耳绷带会感到不舒适，时常难受的不停地摆头，有时会用脚把绷带抓下来，当犬万一将绷带抓下来后，要立即在包裹上，或术后用颈护套来防止犬来抓取而引起感染。

实训结果考核标准

(1)哪些犬品种适合做犬裁耳手术？其手术前应做好哪些准备？(标准分值 20 分)

(2)请说明裁耳手术保定麻醉的过程和注意事项。(标准分值 30 分)

(3)提供宠物犬裁耳手术所需的器械、药品和用品，实习宠物犬若干只。要求学生在规定的时间内完成。

实训结果考核表

评估内容	标准分值	评估方法	评估标准	得分
手术药品器械准备	10	口述 操作	准确口述手术器械准备、宠物保定，术部备毛、消毒和术后护理，25 分。按实训要求做好手术准备，保定麻醉、手术过程各环节技术要点和术后护理，50 分。口述正确、操作规范得 90%分值者优；口述正确、操作基本规范得 80%～90%分值者良；口述基本正确、在教师的指导下完成操作，得 60%～70%分值者合格；在教师的指导下无法完成者不合格	
手术犬保定麻醉	10	口述 操作		
手术过程技术要点	20	口述 操作		
术后护理	10	口述 操作		

实训资料单

裁耳术又称耳成形术、断耳术。它是指通过切除手段使耳形变得直立、狭窄、短小(削去 3～6 cm)，耳屏和软骨得到充分修剪，最终使犬耳与其头部浑然一体的美容手术。某些犬如大丹、拳狮等必须经过该项手术，才能符合品种标准，得到公众认可。

不同品种的犬，其裁耳适宜期和修剪标准亦有所不同。

犬临床裁耳计划

品　种	裁耳适宜期/周龄	裁耳长度
德国猎犬	10	占全耳 1/3
拳师犬	9～10	占全耳 1/4～1/3
大丹犬	8～9	占全耳 1/4
杜宾犬	8～12	占全耳 1/4

对此，有些人还存在着一些错误认识。在断耳适宜期上，过去曾一度认为 9～12 月龄是最佳断耳时间，但实际情况是断耳时间越晚，立耳失败率就越高。在修剪标准上，有人认为断耳幅度越大，立耳效果越好，殊不知除牛头獚外，其他犬如断成短粗耳形，多会使其容貌大为逊色。此外，需注意雌犬耳形应相对纤细些。断耳前还应做好疫苗接种工作。

实训作业

(1)请举例说明犬裁耳术的目的和意义。

(2)犬术部消毒应注意些事项?

(3)如何确定犬裁耳手术的最佳适宜时期?

(4)试述犬裁耳手术后的护理。

(5)立耳术与裁耳术有何异同点?

项目二十七 断尾术

实训目标

了解犬断尾术的手术准备和术后护理,学会幼犬和成年犬断尾术的技术要点。

实训材料

手术刀、止血钳、镊子、止血纱布(块)、止血敏、缝合针、缝合线、脱脂棉、绷带、酒精棉球、碘酊、保定带、0.25%～2%普鲁卡因溶液、盐酸氯丙嗪、5 mL一次性注射器。

实训方法和步骤

1.幼小犬断尾术

(1)手术准备:

手术前3天可以给宠物洗澡,尽量保持身体干净。术前8 h禁食,术前2～4 h严格禁水。

准备手术所需器械、药品和用品。

(2)与犬主人协商手术方案,一般来说,断尾长度根据不同品种及畜主的选择来决定。

(3)断尾方法:

按照手术方案,确定断尾部位。

术部剪毛消毒。方法同立耳术。

尾根部放置止血带。

在预计截断的部位,用剪刀在尾的两侧做两个侧方皮肤瓣。

横断尾椎,这时尾椎是柔软的。

在截断的断端,对合两侧皮肤瓣,应用吸收性缝线间断缝合皮肤,这样缝合能控制出血和防止治愈后出现无毛瘢痕，特别对于短毛犬，更要注意使用吸收性缝线的缝合。

除去止血带。

缝线一般可以术后被吸收，有时可被犬舔掉。

2. 老龄犬和猫断尾术

(1)手术犬猫的准备：

术前 12 h 禁食。术前 2～4 h 严格禁水。

术前 1～2 h 注射止血敏，以防止手术中大量出血。

(2)犬猫保定：

动物伏卧或站立保定，带上口笼并保定好，防止咬伤手术人员。

安排宠物主人或其他辅助人员在整个手术过程中固定犬头部，以便手术顺利进行。

(3)手术犬全身麻醉：

盐酸氯丙嗪。按每千克体重 1～2 mg 肌内注射，麻醉可持续 1～2 h。也可以进行硬膜外麻醉。

(4)确定手术部位：

与犬主人协商手术方案，一般来说，断尾长度根据不同品种及畜主的选择来决定。

(5)断尾方法：

术部剪毛，手术常规消毒。同立耳术。

尾根部放置止血带。

预计截断的部位，用手指触及椎间隙。在截断处做背腹侧皮肤瓣切开，皮肤瓣的基部在预计截断的椎间隙处。

结扎截断处的尾椎侧方和腹侧的血管。

应用外科刀横切断尾椎肌肉，从椎间隙截断尾椎。

缝合截断断端上皮肤瓣，覆盖尾的断端。

为了防止断端形成血肿，在缝合时，首先应用吸收性缝线做 2～3 个皮下缝合，防止死腔形成，出现血肿。然后应用单丝非吸收缝线做间断皮肤缝合。

拆线 10 天后进行。

实训结果考核标准

(1)哪些犬品种适合做断尾术？其手术前应做好哪些准备？（标准分值 20 分）

(2)说明成犬断尾后缝合的过程和注意事项。(标准分值30分)

(3)提供宠物犬断尾术所需的器械、药品和用品,实习宠物犬若干只。要求学生在规定的时间内完成。

实训结果考核表

评估内容	标准分值	评估方法	评估标准	得分
手术药品器械准备	15	口述 操作	准确口述手术器械准备、宠物保定,术部备毛、消毒和术后护理,25分。按实训要求做好手术准备,保定麻醉、手术过程各环节技术要点,50分。口述正确、操作规范得90%分值者优;口述正确、操作基本规范得80%~90%分值者良;口述基本正确、在教师的指导下完成操作,得60%~70%分值者合格;在教师的指导下无法完成者不合格	
手术犬保定麻醉	15	口述 操作		
手术过程技术要点	20	口述 操作		

实训资料单

犬做断尾术的目的有三:一是当犬患有尾肿瘤或损伤,为犬的健康着想或为防治病情进一步恶化,需要切断犬的尾巴;二是宠物犬主人为了美观、外貌上好看而实施断尾术,一些赛犬按照比赛规则要求切断尾巴;三是便于饲养管理,因为犬断尾后性情温驯,以繁殖为目的的种母犬断尾后好清洁外生殖器,便于配种繁殖。犬的断尾术根据断尾的年龄分为幼小犬断尾和成年犬断尾术。幼小犬断尾于生后7~10天内断尾为宜,此时仔犬对应激反应差,手术出血少。生后7~10天的幼小犬断尾,不需要麻醉。随着年龄的增大,手术及术后护理难度均会有所增加。断尾长度一般视主人的审美要求而定,如主人无特殊要求,一般以美国养犬俱乐部的标准作为参考,如杜宾犬只留2 cm,英国牧羊犬全部切除,而比兹拉猎犬只断1/3等。

带动物到医院以后,不要盲目地马上就进行麻醉和手术,这样做是很危险的。有些动物看起来非常健康,实际上身体状态并不好,而给身体状态并不好的动物施行麻醉和手术是很危险的。譬如,动物本身肾功能不良,但是临床症状并不明显,麻醉后血压、心率等生理指标下降,肾脏供血减少,会很明显地刺激肾脏,导致肾功能进一步减退。再加上没有意识到肾脏功能的不足而使用了加重肾脏负担的药物,这些问题导致的结果是很可怕的。不仅是肾脏,心脏、肺、肝脏等大脏器同样会有这样的风险。因此,无论什么手术,麻醉和手术前肝肾、心肺等功能以及血糖指

标是必须检查的。此外,手术最好在免疫注射完全后进行。犬术后应注意如下问题:

(1)犬术后未醒时,应放低处让其平躺,保持呼吸通畅,最好放在地上,避免醒来后跌落。外界温度较低时注意保温,若术后仍睁眼应适当点眼药水,避免角膜干燥,术后仍需要禁食禁饮至完全清醒。

(2)术后让犬在安静、清洁的环境中休养,并尽量避免其舔、咬、抓、挠伤口,影响伤口愈合。

(3)术后应给与高品质的营养食品来促进伤口愈合,如营养膏等。

(4)如需要拆线的手术,按医嘱按时到动物医院拆除缝合线,不要在家自行处理。

实训作业

(1)举例说明犬做断尾术的目的和意义。

(2)犬术部缝合应注意哪些事项?

(3)如何确定犬断尾术的最佳时间?

项目二十八 断趾术

实训目标

了解断趾术的手术准备,学会犬猫断趾术的技术要点。

实训材料

手术刀、止血钳、镊子、止血纱布(块)、止血敏、缝合针、缝合线、脱脂棉、绷带、酒精棉球、碘酊、保定带、0.25%～2%普鲁卡因溶液、846合剂、5 mL注射器。

实训方法和步骤

1. 幼小犬悬趾切断术

(1)手术准备:

手术前3天可以给犬洗澡,尽量保持身体干净。术前8 h禁食,术前2～4 h严格禁水。

准备手术所需器械、药品和用品。

(2)悬趾切断方法：

局部消毒后，可直接用剪刀剪除趾、腕骨或跖、跗骨部分。剪切后刨口只需做一针缝合，无需包扎。

2.成年犬悬趾切断术

(1)手术准备同幼小犬。

(2)确定术部，剪毛并局部消毒同立耳术。

(3)全身麻醉及保定方法同立耳术。

(4)悬趾切断方法：

在悬趾基部做一纵向长椭圆形皮肤切口。

剥离皮肤并结扎该处的趾动脉。

用手术刀断除悬趾。断离的最佳部位一般选择在腕掌关节或跗跖关节处，该位置和在掌骨或跖骨中心处断离相比美容效果要好得多。

充分止血，撒布消炎粉或青霉素抗生素。

缝合。创伤缝合可采用常规的间断缝合法。

用纱布和脱脂棉包裹，外面缠上绷带。

(5)术后护理：

犬包上绷带会感到不舒适，时常难受得不停地摆腿，有时会用脚把绷带抓下来，当犬将绷带抓下来时，要立即再包裹以免感染。

3.猫爪断切术

(1)手术准备：

手术前3天可以给猫洗澡，尽量保持身体干净。术前8 h禁食，术前2～4 h严格禁水。

准备手术所需器械、药品和用品。

(2)猫爪断切方法：

猫爪断切术较为简单，一般不需剪毛和麻醉，对烈性者可给予适当镇定。

首先在肘突上方结扎止血带，断爪器械可选用手术刀或趾甲修整器。

应用手术刀时，先后断切指背侧弹性腱及左右指侧腱就可断离第三趾骨。

如应用趾甲修整器，则应首先伸直被断爪，将修整器置于第二、三趾骨间，并将爪垫向后方牵拉，然后就可断离第三趾骨，但应注意一定要剪除第一指及其遗迹。以防发生术后增生现象。总之，无论使用何种方法，都应注意防止爪垫损伤。

充分止血，撒布消炎粉或青霉素抗生素。

缝合。创伤缝合可采用常规的间断缝合法。

用纱布和脱脂棉包裹，外面缠上绷带。使用包扎法时应注意绷带包扎不可太紧以防止影响局部血液循环。

包扎完毕后解除止血带，并于 24 h 后解除绷带，看创口是否有出血。

术后护理关键是止血，为防治创口感染，应禁止猫户外活动。

实训结果考核标准

(1)哪些犬品种适合做断趾术？如何确定犬猫断趾术的适宜时间？(标准分值 20 分)

(2)请说明成犬断趾后缝合的过程和注意事项。(标准分值 30 分)

(3)提供宠物犬断趾术所需的器械、药品和用品，实习宠物犬若干只。要求学生在规定的时间内完成。

实训结果考核表

<table>
<tr><th>评估内容</th><th>标准分值</th><th>评估方法</th><th>评估标准</th><th>得分</th></tr>
<tr><td>手术药品器械准备</td><td>15</td><td>口述 操作</td><td rowspan="3">准确口述手术器械准备、宠物保定，术部剪毛、消毒和术后护理，25 分。按实训要求做好手术准备，保定麻醉、手术过程各环节技术要点，50 分。口述正确、操作规范得 90%分值者优；口述正确、操作基本规范得 80%～90%分值者良；口述基本正确、在教师的指导下完成操作，得 60%～70%分值者合格；在教师的指导下无法完成者不合格</td><td rowspan="3"></td></tr>
<tr><td>手术犬保定麻醉</td><td>15</td><td>口述 操作</td></tr>
<tr><td>手术过程技术要点</td><td>20</td><td>口述 操作</td></tr>
</table>

实训资料单

断趾术包括犬悬趾断切术和猫爪断切术。用手术方法切去犬前后肢第一趾的过程叫犬的悬趾切断术。一般犬的前肢爪部有 5 个脚趾，后肢的爪部有 4 个脚趾，其余的趾均称为“悬趾”，又叫“狼趾”。某些赛犬为达到特定等级标准，常需做悬趾断切术，美国养犬俱乐部对此也有相应的规定，某些犬野外狩猎时为防止悬趾撕裂也需做此手术。某些观赏犬，特别是超小型犬，常把前足的第一趾同时切掉，这样使小犬更加漂亮可爱。但应指出，产于法国的大比勒尼兹犬种，还有几个大型犬是例外。悬趾断切术一般应在仔犬出生数日内完成，最佳时间为 5 日龄。仔犬期间未能及时做此手术者，最好等到3～4月龄再行手术。

猫爪断切术是指应用手术方法对猫前爪每一趾第三趾骨的切除的过程。猫爪断切术的目的是为防止猫爪挠伤主人，抓破衣物和家具，并增加其美观度，常需做猫爪断切术，此手术的适宜时间为6～12周龄。世界各国对猫爪断切术有不同的态度，一些国家的兽医基于动物福利等原因，不允许兽医实施猫爪断切术。据华盛顿州立大学的1994年兽医临床的科学报告，被去趾的163只猫中，50%在做完手术后立刻出现一种或多种并发症，像疼痛、出血、残废、体重减轻等症状。对121只猫的术后进一步跟踪显示，20%出现了持续的并发症，像感染、体重暴增、爪子上骨头突出、间歇性跛行(不正常的走路姿势)等。猫爪具有清洁、攀爬、防御、狩猎等本能和功能，去趾不仅给猫带来生理上的痛苦和行为不便，而且对猫心理上的打击也是巨大的，这使它们彻底丧失了攀爬追击、狩猎和猫类社交的能力。以猫爪的清洁功能为例，光滑、清洁的外衣对猫的健康快乐是不可缺少的。体温的控制、清洁、防水和保持身体的气息信号对猫来说是性命攸关的。研究显示，猫每天花费大量的时间在它们自己的梳妆打扮上。不仅是典型的舔的动作，而且还有反复的抓挠。这种抓的动作是日常清洁工作的关键部分：摆脱皮肤瘙痒，去除脱落的毛发和梳理杂乱的体毛。没有了爪子，猫不能有效地抓挠，整个整理的过程将是十分痛苦的。即使主人每天都为它们梳理，也代替不了自然地抓挠带给它们的快感。任何有痒不能抓(或够不到发痒区域)的人都应该能体会到去趾猫的这种尴尬。是否实施猫爪断切术，应以主人的实际需求和猫类比赛的规则及要求来定。

实训作业

(1)请举例说明犬猫断趾术的目的和意义。

(2)如何确定犬断趾术的最佳适宜时期？

(3)猫爪断切术有哪些并发症？试分析其利弊。

第八章　宠物美容店的经营与管理

动物是人类的朋友，近年来宠物已经逐渐进入了人们的家庭生活，成为宠物爱好者生活、文化、娱乐的一部分，这充分体现出宠物对人类社会的贡献。如今“宠物热”正在升温，都市丁克族的增多和老年空巢现象的普遍，“家有宠物”已成为一种都市时尚。随着家养宠物数量的急剧增加，宠物已成为一种产业在我国持续地发展和创新。宠物经济越来越受到人们的关注，这一领域也因此成为新的创业“淘金地”。

我们所说的宠物通常是指家庭喂养的动物，从常见的犬、猫、观赏鱼、兔、龟到比较另类的蝎子、蜘蛛、蜥蜴等。北京、上海、广州、重庆和武汉是我国公认的五大“宠物城市”，这是从养宠物的数量和消费能力上来确定的。随着人们对宠物的喜好程度不断加深，宠物在家庭中地位的不断提高，我国的宠物文化也相应有了较大的提升，宠物已经成为众多人生活中的重要组成部分。宠物正在成为中国城市里的一类新型居民。据不完全统计，以纯种狗和猫为主的宠物市场，每年的增长速度在20%以上。

根据权威人士预算全国宠物消费市场已达百亿元之巨，在未来5～7年，中国与宠物相关的市场规模将达到150亿元。宠物文化兴起的同时孕育了一个极具空间的市场环境。花钱把一只小狗抱回家后，投资才刚刚开始，宠物主人花在宠物犬身上的钱往往比花在自己身上的还多。人们纷纷给自己的爱犬、爱猫购置各种宠物用品，如豪华的笼舍、漂亮的衣服、可爱的玩具等。而宠物洗澡、宠物断尾、美容造型、清洁耳朵、洁白牙齿、清除泪痕、修剪趾甲等美容护理项目更是为广大的宠物主人所接受和推崇。每逢“五一”、“十一”、“春节”长假，宠物主人可将“宠物宝宝”寄放到宠物美容店，放心的游山玩水或探访亲友。“宠物热”如此兴盛，由饲养宠物而派生出来的“宠物经济”自然十分兴旺，“饲养宠物赚钱”和“为宠物服务——赚宠物的钱”这两部分组成了宠物经济庞大的产业链。可以毫不夸张地说，宠物的衣食住行、生老病死每一个环节都蕴含着无限的商机，开一家宠物美容护理店大有可为。

第一节　宠物美容行业认知

一、宠物美容店经营模式

单体经营　单体宠物美容店是利用自有资金建设，自我经营宠物美容店，所有权和经营权都不隶属于任何一个联号宠物美容店或者其他类型的共同联合体。

直营连锁　直营连锁是所有权和经营权合一的典型模式，因此又被称为所有权连锁、正规连锁。直营连锁的所有权属于同一公司或同一业主，因此，其推行力最强。

特许经营连锁　特许经营是指一个商标、服务商标、商号或者广告符号的所有者与希望在经营中使用这种标志的个人或团体之间的一种法律和商业关系。受许可者可以享用特许者的品牌和商誉、培训计划、操作程序手册、批量采购折扣以及其他的技术支持等。

市场准入　宠物美容店如果只开展宠物美容和宠物用品销售则归属于现代服务业，进入该行业并无行业准入条件，只需按正常程序报批工商营业执照和税务登记证便可。如果有卖狗猫等宠物的业务，则还需要到公安机关办理犬类经营许可证及卫生部门办卫生许可证。

行业品牌　宠物美容店作为现代服务业态，其价值主要体现于所提供的服务和产品的质量。目前，仅就宠物美容体系而言，尚未形成大规模的服务品牌。纵观整个宠物美容行业，无论是行业协会还是社会新闻媒体等机构，截至目前，尚未就宠物美容作业态组织任何评选活动，而且由于宠物美容行业的规模非常庞大，目前市场上尚未形成比较认可的行业品牌。

服务项目　宠物美容、宠物护理、宠物寄养、宠物保健、宠物食品、宠物饰品、宠物摄影、宠物服装、宠物训导。

二、设备与设施

专业的宠物美容需要有专业的美容工具来辅助，宠物美容的工具主要有美容台、梳毛用具、剪毛用具、洗浴用具、修剪趾甲用具和专用的止血粉等，经营者可以根据经营内容参考选择。

美容工作台　轻便型、工作型、升降式美容工作台。

梳毛用具 美容梳、虱梳、钢丝刷、分界梳、针梳、染毛梳、开结梳、排梳、毛发软化剂。

剪毛用具 宠物电推剪、七寸直剪刀、五寸直剪刀、弯剪、牙剪、电推剪刀头、趾甲剪、趾甲锉。

洗浴用具 洗浴盆、洗发香波、乳油清洗剂、吸水巾、吸水毛巾、烘干箱、吹风机、吹水机。

其他宠物美容工具 止血粉、止血钳、美容纸、橡皮圈、毛刀、口罩、染毛剂。

三、员工培训

培训出结果,任何一个成功的企业都离不开对员工进行系统的培训。如何使员工高效地工作是宠物美容店必须要解决的一个问题。因而培训的重要性也就不言而喻。通常宠物美容店的培训包括以下几方面的内容。

接待培训 接待工作会直接影响宠物美容店的经营利润,因此要给予前台接待全面的培训,如文明用语、规范的收银操作等。

技能培训 包括宠物美容前的准备工作、普通护理、详细的美容步骤以及修剪毛发的专业技术知识等等,最重要的就是要向接受培训的员工解释清楚他们的工作任务。

知识培训 知识培训主要包括了解宠物美容店的布局,并能为客人提供相关服务以及其他辅助服务的信息;同时了解员工的权利和福利;了解员工申诉程序。

日常培训 宠物美容店要发展,所有的员工不管他们在本岗位工作的时间有多长,都有必要继续接受培训,对本行业业态有基本了解。

额外培训 一般宠物美容店出现以下两种情况需要进行额外培训,一是店内购买了新的设备,员工使用新设备的话需要掌握的技能。二是员工在工作中表现不正常,员工的工作表现是作为是否需要额外培训的信号。

四、投资规模

宠物美容店的基本设备有美容工作台、梳毛工具、剪毛工具、其他工具等。一般而言,投资规模可根据服务对象、经营场地和投资能力等综合而定。现根据小型宠物美容店经营状况,提出投资建议,供投资者参考。

本投资测算表仅限于基本配置,不包括员工工资,同时由于不同地段、房型及经营类别的不同,投资规模有所浮动,表 8-1 仅供参考。

表 8-1　宠物美容店投资项目配置参考表

序列	产品名称	参考价格/元	价格说明
一	设备配置	24 800	
1	宠物美容成套设备	10 000	价格受制于产品质量
2	空调	3 000	
3	收银机	1 800	
4	其他设备	10 000	
二	场地配置	46 500	
1	场地租金(50 m^2)	6 500(月租)	价格受制于场地大小和经营地段
2	装潢装饰	40 000	价格受制于装潢方式和装潢要求
三	商品储备	30 000	
	总　计	101 300	

五、宠物美容店的市场状况及风险

近年来上海的宠物店增长迅速，一方面说明这个市场的繁荣现状和潜力，同时也使宠物店的竞争比较激烈。就单以宠物食品来说，常见的宠物粮食如宝路、伟嘉、爱慕斯和希尔斯，在中国都是畅销品牌。国外进口的狗粮经过层层关卡，到零售店手里，价格已经非常高。狗粮的代理商为了维持市场稳定，会设置一个上下限；此外，狗粮的品牌规格相对稳定，市场较为透明，零售商要在众多的竞争对手中取胜比较难。所以目前基本是宠物用品、美容甚至寄养一起做得比较多。

据业内权威人士估计，许多省会级城市宠物用品店不超过 30 家，宠物医院则不超过 10 家，市场空间巨大。但从事宠物交易业务，特别是名犬品种交易需要规避疾病风险，因为部分致命性病毒的潜伏周期长，风险极大。

六、宠物美容店店主所应具备的素质

热爱自己的工作，热爱自己的店铺，对各种宠物充满爱心，能善待小动物，并能熟知和指导工作中的每一个运作细节，这样才能无愧为自己店铺真正的主导者；行业专一，不随便偏离自己的方向，并对自己经营的宠物十分熟悉，有较强的创新欲望；把宠物美容店当做大家的店铺，绝不把自己的私事和店铺的整体利益混淆在一起；制定严格的预算制度和统计制度，并能从盈利中抽取部分结余作为员工的福利；无论遇到多大的经济困难，绝不拖欠或无故扣发员工的薪金；例行节约，尽量降低成本，并善于把能节约的部分让利给顾客；定期检查各种账目，以便核算店铺的实际利润，杜绝泡沫经济；高薪聘请有素质、有责任心、能忠于职守的员工参与宠物店的管理；用智慧主导决策，敢于竞争、善于竞争，但不盲目地与同行业人斗气；能够从大处着眼、小处着手，遇到困难不轻易气馁，遇到强者不轻易退却。

第二节 宠物美容店的开业筹备

开业筹备，是指从事生产经营活动之前应事先准备和落实的各项具体事项，由于不同宠物美容店经营者和管理的模式不同，经营规模和投入的人力、财力、物力有别，因此，事先准备的程度因人而异。但按照现行办事流程和规则，主要涉及以下几方面内容：选定经营场所、筹措投资资金、店面装潢装饰、申请注册公司、办理税务登记、办理开户手续、招聘服务员工、配置各类设备、其他事项，（诸如员工培训、管理规章、行业审批、庆祝开业等）。

一、选定经营场所

宠物美容店的选址一般以人口密度高的住宅小区为佳，良好的位置是成功的基础，一般如果选对了地方，就不用担心赚不到钱。选择一个好的经营场地需要着重考虑以下一些因素，比如客流量、交通状况、居民消费水平、租金、房价等，其中，地理因素、交通状况和居民消费水平最为重要，要在此基础上综合判断决定。

人气旺的场所和高档小区　店址可选择在大型社区、大商场附近，因为一般消费者都有利用附近设施就近消费的习惯，这样一方面可以吸引流动人群，另一方面顾客比较容易记住该店铺的地点，介绍“回头客”的时候也会比较容易找到位置。但要避免已被同行先占据有利位置，其次要了解附近小区入住率，及是否有比较多的“好狗好猫之徒”，能够成为你的目标客户。

宠物集中的地方　通过观察顾客宠物的档次，来决定自家小店提供货物的档次。如果店铺附近有停车场那就更好，注意选择两侧人行道人流量较多的地方开店，但注意选址尽量不要选择在大型超市附近，因为大型超市也卖宠物食品和一般的药品。

同类店铺集中的地方　对于经营同类产品的店铺来说，若能集中在某一地段或街区，则能更容易招揽顾客，“同行密集客自来”，说的就是这个道理，同行越多，顾客就越多，生意就会很好。这样的地区形成了一定的气候，顾客挑选的品种丰富，具有安全感，不用担心买不到自己想要的东西，也不怕挨宰。只要各具特色，就可以共同赚钱。

物业管理要求较高的地方　第一，不能让宠物叫声扰民，建议选择背靠住宅区、面向大马路的店面；第二，一定有效果好的通风设施，排出宠物异味；第三，宠物美容，还须准备排污口、消毒筒和紫光杀菌灯。

二、筹措资金

筹措资金是成功开业的基础和前提，无论选择何种方式或者规模，在正确估算的前提下，必须事先准备足够的投资资金，有关具体的投资金额因人而异，无法具体评估，就资金来源而言，筹措资金的渠道主要有以下几种。

自有资金　即个人所拥有的可变现资产。

银行借款　即向银行提出融资计划。

合资经营　即联合其他人员共同投资，风险和利益共担。

综合融资　即在投入自由资金的前提下，向银行贷款的同时伙同他人合资经营。

三、店面装潢

设计完美的宠物美容店会更容易得到客户的青睐，同时也可以增加宣传效果，所以宠物美容店的装潢装饰与盈利密切相关，而宠物美容店店面装潢装饰需要根据加盟与否分别对待。

如果选择加盟连锁，则加盟供应商为了维护连锁企业的整体形象和统一标志需要，根据“统一标志”的原则，加盟总部会将加盟店面提供标准化的专业勘查和设计，并提出装潢的要求和条件，以及详细施工图纸。

如果选择个体自主经营，为了体现创业者的自我品牌形象和服务风格，在店堂装潢装饰方面要注重以下几方面的设计。

接待区　接待区最好用玻璃或其他分割物与工作区分开。在接待区放置一些椅子、咖啡桌、宠物杂志和书籍、一些小犬及幼犬的照片或自己的宠物美容作品照片、获奖照片、奖品等。也可以放置一些可爱的装饰物。同时，接待区要放一份醒目的价格表，标明不同种类、大小、类型的宠物美容、护理、寄养等价格。

宠物服装、饰品、玩具和食品区　通常安排在接待区对面最醒目的地方，顾客通过玻璃门从店外就能清楚地看到，推开门映入眼帘就是琳琅满目的宠物服装、饰品、食品等。

宠物洗澡区　为便于水电安装，一般多设在房间的一角，安装浴缸时要考虑美容师的身高，一般安装在美容师腰的位置是最合适的，浴缸周围手方便拿到的地方要放置洗澡用具的架子。

宠物美容区　美容区要宽敞，布置美容区的时候要把所需要的工具放在手边以保证最大的工作效率。美容桌应该放在房间最明亮的地方，比如可以靠近窗口。在靠近美容桌的墙上挂一个工具板，里面放上宠物美容师需要的工具，以便随时取放，理想的美容桌下面安装一个可以摆放经常用的工具和其他东西的旋转盘。

宠物寄养区 笼子应该安排在离美容桌最近的墙边，以最大利用效率来摆放，笼子要有不同大小的规格，以便安置不同体型的宠物。

四、申请注册公司

注册公司的目的在于取得工商营业执照，成立合法生产经营企业。微小型企业注册公司可就地前往工商行政管理局申请办理公司注册手续获得工商营业执照。申请个体工商户或个人独资企业开业登记，除须具备相应的经营能力与条件，以及本人提出书面申请外(工商管理部门提供申请表格)，还应提供以下相关证明(件)。

身份证明：申请人应提供本人身份证。

职业状况证明：待业证明或下岗证明；离、退休证；辞退职、停薪留职人员证明件；农村村民凭村民委员会证明；法律法规允许的其他人员的证明。

经营场地证明：租房协议书、产权证明；进入各类市场内经营的需经市场管理办公室盖章批准；利用公共空地、路边弄口等公用部位作经营场地的应提供市政、城管、土地管理等有关职能部门的批准件或许可证。

从事国家专项规定的行业或经营范围，应提交有关部门的审批件：投资人签署的个人独资企业设立登记申请书；企业名称预先核准通知书；申请人身份证原件和复印件；职业状况承诺书。

企业住所证明：租房协议书、产权证明。

五、办理工商税务登记

个体工商户成功获得工商营业执照以后，自领取营业执照之日起 30 天内，持有关证件、资料，在工商注册或单位所在的区县(地区)地方税务局纳税服务所申报办理开业税务登记。办理税务登记手续及须提供的材料如下：营业执照或有关主管部门批准开业的证明；有关合同、章程、协议书；银行开户许可证；法人或负责人居民身份证；单位公章和财务专用章；房屋产权证书或租房协议；技术监督局颁发的全国统一代码证书；税务机关要求提供的其他证件、资料。

六、办理银行开户手续

公司在领取营业执照并刻制公章之后，即可到银行办理开户手续，开立银行结算账户。根据中国人民银行关于结算账户管理的有关规定，每个公司仅可开立一个基本账户，用以提取现金及日常结算支付等，并可根据经营业务的需要，再开立其他的一般账户。

开立账户需要准备的资料　营业执照副本及其复印件；组织机构代码证的副本及其复印件；法定代表人身份证复印件；留存印鉴非法定代表人的，需要签署相应的授权书；公章、财务专用章及预留人名章；经办人身份证复印件；公司的税务登记证（含国税及地税）副本的复印件；房屋租赁协议；其他需要的证明文件。

办理支票领购手续　经办人的照片；经办人的身份证复印件；设置开立账户的密码。

购领支票手续　支票购领本；开户许可证；预留银行印鉴，当时填写手续费和工本费的单子。

七、招聘服务人员

一般来讲，一个宠物美容店至少需要 3 个以上工作人员，因为除了 1 人要专门负责接待、咨询外，给宠物洗澡、护理是一般需要 2 人，有时还要给客户送货等。因此，大多需要雇用人员来帮忙。在雇用人员时，首先要想好自己的店铺需要聘请多少人，聘请什么样的人，聘请多少人则需要视小店的规模而定，如果规模很小，那么聘请 3～4 人就可以做好所有的工作，那就不需要聘请更多的人员；反之，如果规模很大，就要根据不同的需要聘请相应的人员。

1. 人员招聘途径

宠物美容店的服务对象是宠物，宠物美容和护理需要有一定的专业知识和技巧。同时，店铺还涉及宠物的饰品、玩具、食品等销售内容，还需要一定的商品营销知识。因此，店铺在甄选工作人员时要对应聘人员在性别、年龄、个性、学历、专业、工作经验、知识技能、社会交往能力等诸多方面加以综合评估。人员招聘的主要途径有：报纸刊登招聘资讯；参加人才交流会；网上招聘；劳务市场；委托中介机构。

2. 人员招聘要求

宠物美容毕竟是一项实践技能比较强的工作，有时为了检验应聘人员的真实水平，可根据需要进行实际操作测试，如给应聘人员提供有关材料，对宠物进行美容；或演示如何向顾客销售宠物食品；或让应聘人员随工作人员一起工作，面对顾客如何应对等，根据实际操作水平和工作态度做出是否录用的结论。

性别和年龄　宠物美容店的顾客以生活和工作条件较好的白领居多，而且宠物美容要不断掌握市场潮流，因此，工作人员以青年男女为佳。

专业知识技能　只有具备宠物美容和护理专业知识的人员，在面对客人的询问和要求时，才能做到游刃有余。

个性和社会交往能力　最好是挑选开朗、自信、待人友善、精力充沛者作为工作人员。同时要求有较高的语言表达能力、接受能力和应变能力，这样才能在实际工作中应对各种各样的事情和各种类型的客人。

工作经验　宠物美容是一项专业性较强的工作，如果在开业之初就有经验丰富的熟练人员加盟，则会给人以出手不凡的印象，会吸引大量的回头客。

其他　最好是养过宠物的，至少能够识别宠物的品种。如果没有合适人选的话，可以让店员先参加一些相关宠物知识的培训，这样店员上岗后才能得心应手。此外，有的宠物美容店会提供比较综合的服务，例如，宠物医疗，这就需要投资者花比较大的成本来招聘专业医疗师了，一定要招聘有实际经验的宠物医生，因为这样可以降低事故的出现，一起宠物医疗或美容事故对于美容店声誉来说是致命的危害。

八、其他事项

员工培训、管理规章、行业审批、庆祝开业等，经营者根据实际情况给予组织。

第三节　宠物美容店的经营管理

创业者成功开设了宠物美容店，仅仅表明构建了对外服务的平台。而如何将店铺经营好，取决于企业内外的各种因素。但经营者观念的先进、正确与否是一个企业管理者能否搞好企业经营管理的重要因素之一。

怎样有效管理好这个平台——宠物美容店，使之能够健康持续发展，为投资者带来稳定的回报，相信这是每一位宠物美容店业者一直在思索和面临的问题。

就宠物美容店而言，要牢固树立对竞争、市场、效益等观念并结合宠物美容业的特点而灵活地加以运用、这样才会在激烈的市场竞争中立于不败之地。经营管理行为都不能在盲目中和意识下产生，因此宠物美容店的管理者的观念具有很重要的作用，是决定宠物美容店发展的精髓。我们就宠物美容店所涉及的一些问题提供相对应的策略和措施，供创业者参考。

一、宠物美容店经营管理理念

不同的经营策略，决定了不同的运作模式。以产品销售为主的宠物店，适合开设在人流较为密集、交通便利的商业地带，产品线不要求非常丰富但定位一定要准确，适合潜在客户需求，相对而言定价可以拥有一些自由空间；设在花鸟市场的店家，货源流通量大，经营已成气候，但竞争激烈，适合以产品销售为主，不宜做宠物美容和寄养，产品定价也要严格遵循行规；如果店址在中高档的居民小区，那么可以考虑用品销售、美容和寄养等全项目经营，并且通过一些活动和服务吸引、维护客户。

企业经营者应增强诚信观念、牢守诚信理念。把诚信作为一种资源来看待，进行诚信管理和经营，搞好企业员工的诚信教育，言必行、行必果，取信于民。

加强从业人员的专业培训，提高服务素质，诚信不是简单的口头承诺，是以高质量的服务来换取的，只有从业人员有过硬的本领和较高的专业技能，才能保障诚信的实施。

二、宠物美容店的竞争策略

面对激烈的市场竞争，经营者既不能消极逃避，也不能墨守成规，必须积极面对竞争，充分利用各种信息和渠道，制定出科学的竞争策略，才能在激烈的竞争中立于不败之地。

竞争对手　确定竞争对手店面的选址、规模、顾客定位都有着十分重要的意义。一般情况下，必须明确自己在一定范围和阶段内的3～5家重要竞争对手，并重点给予分析和关注，经营者要掌握竞争对手的基本情况和发展动态，并建立详细的竞争对手档案。

顾客定位　正确的顾客定位是宠物美容店成功的关键因素之一。制定竞争策略之前，必须明确宠物美容店的目标顾客。只有有了明确的顾客定位，才能进一步根据顾客的喜好装修店面、设计环境、制定价格和选择促销方式等。这样才能在竞争中做到有的放矢，直取目标。

形成特色　在仔细分析过主要竞争对手后，就会发现他们都有各自的特点，经营者要根据竞争对手与自己的实际情况，选择适合自己发展的竞争策略，认真实施。将自己的竞争优点向顾客宣传，使之成为顾客、乃至竞争对手都能接受和承认的优点，也就获得了真正的竞争优势。竞争优势将会吸引特定顾客消费，成为常来常往的老顾客，并且通过口口相传，带来新客户。

三、宠物美容店的营销策略

营销是指为以适当的服务满足顾客的各种需求，企业所进行的能影响企业与顾客之间关系的一切工作，对于一家宠物店来说，营销是非常重要的，宠物美容店为了生存发展，为了获取更多的利润，必须运用各种方式达到营销的目的，主要包括以下几种。

直接通信推销　信函、印刷品、邮卡、小册子、节日祝贺函。

宠物美容店网络推销 利用免费网站发布供求消息、直接向潜在客户发送信息、网上销售、加入宠物专业信息网。

四、宠物美容店的促销策略

宠物美容店经营的促销方式多种多样，人们开展促销方面有很多不同的做法，目前比较常用的促销方式有以下几种。

折价券 使用按面值兑换的折价券，可以对第二次消费给予优惠让利。折价券应以简单的文字将使用方法、限制范围、有效期等一一描述，同时要尽量避免出现误兑。

样品派送 即免费赠送小包装、大众化、有独立品牌的样品，如提供小包装犬粮供宠物犬试用等。成功的样品派送可使10%～15%的试用者变成固定客源，而其促销成本只有折价券的1/4。

附赠赠品 随所售商品附赠有价值的相关商品给顾客。赠品要与售品有一定的关联，力求突出具有购买吸引力和独立品牌，最好不要挑选店铺正在销售的商品作为赠品。

减价优惠 减价优惠至少要有15%～20%的折扣，并要有充分的理由，才能吸引顾客的购买。把原价及减价后的现价同时标注，以形成鲜明的对比，但不易过度频繁使用，否则会有损品牌形象。

大甩卖 即商品以低于成本或非正常价格的方式来销售，是一种价格利益驱使战术。对商家而言，大甩卖又是一种清仓策略。通过大甩卖，能够集中吸引消费群，刺激人们的购买欲望，在短期内消化掉积压的商品。

抽奖促销 即顾客在参与活动、购买商品或消费时，对其给予若干次奖励机会的促销方式，如刮卡兑奖、摇号兑奖、拉环兑奖、包装内藏奖等。

印花累计促销 该类促销活动通常要求顾客在某一时间内收集两个以上印花标记，以换取免费赠品或折扣。

会员制促销 即店铺采用顾客入会，可享受内部优惠待遇的促销方式。会员制一般列明有明细的入会条款、受惠条款及需缴纳一定的入会费用。会员制可以保留自己的基本顾客，使经营处于一种稳定状态。

五、宠物美容店物资采购管理

制订采购计划 根据前一个月的物资销售量对第二个月进行预测，在月底前编制采购计划和预算报财务部审核；计划外采购或临时增加的项目，并制订计划或报告财务部审核；采购计划一式3份，自存1份，其他2份交财务部。

审批采购计划　财务部采购计划和报告汇总，并进行审核；将汇总的采购计划和预算报总经理审批；经批准的采购计划交财务总监监督实施，对计划外未经批准的采购要求，财务部有权拒绝付款。

物资采购　采购员根据核准的采购计划，按照物品的名称、规格、型号、数量、单位适时进行采购，以保证及时供应。计划外和临时少量急需品，经总经理或总经理授权有关部门经理批准后可进行采购，以保证需用。

物资验收入库　无论是直拨还是入库的采购物资都必须经仓管员验收；仓管员验收是根据订货的样板，按质按量对发票验收。验收完后要在发票上签名或发给验收单，然后需直拨的按手续直拨，需入库的按规定入库。

付款　采购员采购的大宗物资的付款要经财务总监审核，经确认批准后方可付款；支票结账一般由出纳根据采购员提供的准确数字或单据填制支票，若由采购员领空白支票与对方结账，金额必须限制在一定的范围内；要求付现金者，必须经财务部经理或财务总监审查批准后方可付款。

报销　采购员报销必须凭验收员签字的发票连同验收单，经出纳审核是否经批准或在计划预算内，核准后方可给予报销。采购员若向个体户购买商品，可通过税务部门开票，因急需而卖方又无发票者，应由卖方写出售货证明并签名盖章，有采购员两人以上的证明，及验收员的验收证明，经部门经理或财务总监批准后方可给予报销。

采购部业务操作制度　按使用部门的要求和采购申请表，多方询价、选择，填写价格、质量及供方的调查表；向主管呈报调查表，汇报询价情况，经审核后确定最佳采购方案；在主管的安排下，按采购部主任确定的采购方案着手采购；货物验收时出现的各种问题，应即时查清原因，并向主管汇报；货物验收后，将货物送仓库验收、入库，办理相关的入库手续。将到货的品种、数量和付款情况报告给有关部门，同时附上采购申请单或经销合同；将货物采购申请单、发票、入库单或采购合同一并交财务部校对审核，并办理报销或结算手续。

六、宠物美容店的客户管理

对宠物美容店经营而言，收集和分析顾客资源、了解自己与竞争店在销售和服务中的差别等信息，是促进销售、提升业绩的有效途径。怎样收集、管理和使用信息，在一定程度上将决定店铺的输赢。

宠物主人档案　包括饲养宠物主人姓名、性别、住址、职业、单位、电话、电子邮件、家庭经济状况、个人性格、文化水准、兴趣爱好等。收集这些资料有助于了解目标市场的基本情况，了解“谁是我们的客人”。

宠物档案　包括饲养宠物的数量、品种、性别、年龄、毛色、毛型、用途(伴侣宠物或比赛犬)、喜欢吃何种饲粮、曾患过何种疾病、有无特殊要求等。掌握这些资料有助于店铺选择销售渠道,做好促销工作。

消费档案　消费档案包括消费日期、消费类型(如为宠物洗澡、剪毛、染色、护理、寄养或购买宠物食品、宠物食品等),所购商品的名称、规格、型号、数量、价格和消费金额等,从而了解客人的消费水平、支付能力、消费倾向、信用情况等。

其他信息档案　包括顾客的要求、建议、意见,购买过程的长短以及为什么选择在本店消费等。

七、宠物美容店的安全管理

安全管理是宠物美容店管理的一个重要方面,加强宠物美容店的安全管理是非常必要的,其目的是为了消除和控制事故以及事故一旦发生如何采取办法去补救,它具体包括以下内容。

1. 预防火灾管理

配备消防设备器材　烟感报警器、漏水器、安全逃生图、报警器。

定期检查火灾隐患　防火门的坚固性和自闭性;应急灯是否完好;常用通道和紧急出口是否通畅;电线负荷是否超标;员工是否都知道报警箱、灭火器的位置及使用方法;所有防火设备器材是否都放置在指定位置及有无故障;气流调节器(遇火苗自动封闭装置)功能是否正常。

2. 预防停电管理

配备应急装置　紧急照明灯、手电筒、宠物专用热水袋、宠物专用棉被。

3. 预防盗窃管理

防范外来人员　加强出入口控制;加强巡视。

防范员工　对员工进行严格选择,不断培训;制定出严格的奖罚措施;加强对员工的监督管理;定期对物资用品进行盘点;禁止上班时间会客,防范联合作案。

第四节 创业制胜攻略

多元化经营活路多　网店销售。网店不需要支付店面成本，所以能够省下一大笔开支，目前许多宠物衣服、饰品、粮食等都能够在网上购买。

代理单一产品　大家都把摊子铺大了，竞争一样激烈，如果反向思维，索性代理单一品种，或者也能出奇制胜。

优惠法经营　在经营过程中，价格并不是定了就不能再调整的了，在定价时，可以根据市场的情况采取一些优惠政策，如宠物主人购买的商品多，或者是经常来光顾的老客户，就可以适当打点折扣，给予适当的优惠。

宠物婚介　宠物联姻也要讲究门当户对，要看长相，还应该看血统，实在让主人伤脑筋。开个“宠物婚介服务中心”，说不定挺吃香。

宠物托儿所　有许多单身都市白领，常因临时出差或阶段性工作太忙，无暇照顾宠物。经营宠物寄养业务，一天收费不过二三十元，经营者只要有合适的经营场所，对动物习性有所了解，准备好充足的宠物食物和玩具，几乎就能“无本取利”了。

宠物租赁　好些人喜欢宠物，但由于工作太忙，或受家庭场地限制，实现不了自己养一条狗的愿望，开设宠物租赁，能够让这类人过一把宠物瘾。

作业

1.宠物美容店店主应具备哪些素质？

2.宠物美容店的开业筹备工作主要有哪些方面？

3.如何管理好一个宠物美容店？

参考文献

[1]唐利军.实用犬猫诊疗新技术.北京:中国农业出版社,2006

[2]秦豪荣,吉俊玲.宠物饲养.北京:中国农业大学出版社,2008

[3][美]苏·达拉斯,戴安娜,诺斯,乔安妮.安格斯.宠物美容师培训教程.沈阳:辽宁科技出版社,2008

[4]福山英也,中野·博,金子辛一.家犬美容师的忠告.南京:江苏科技出版社,2007

[5]张江.宠物护理与美容.北京:中国农业出版社,2008

[6]孙若雯.宠物美容师.北京:中国劳动社会保障部出版社,2006

[7]黄保续,王洪斌,王云鹤.宠物美容外科手术.中国兽医杂志,1997(12):45～47

[8]劳动和社会保障部教材办公室和上海职业培训指导中心.宠物健康护理员(职业技术·职业资格培训教材).北京:中国劳动社会保障出版社,2007

[9]张立波.实用养犬大全.2版.北京:中国农业出版社,2006

[10]日本养犬俱乐部.最新犬美容护理手册.台湾:台湾广研印刷社,2005

[11]占家智,刘春,王君英.宠物狗驯养技法.合肥:安徽科学技术出版社,2006

[12]周斌,周明容,刘炜,等.爱犬养护500问.上海:上海科学技术出版社,2004

[13](葛拉汉·米道斯,艾尔莎·弗林特著)陈文裕译.养犬宝典.南京:江苏文艺出版社,2004

[14]安铁洙,谭建华,韦旭斌.犬解剖学.长春:吉林科学技术出版社,2003

[15]本·斯通,珀尔·斯通编著,李春旺等译.犬美容指南.沈阳:辽宁科学技术出版社,2002

[16]孙若雯.宠物美容师(初级、中级).北京:中国劳动社会保障出版社,2006

[17]毕聪明,曹授俊.宠物养护与美容.北京:中国农业科学技术出版社,2008